U0906117

无人机应用与装调技术

主　编　吴战国
副主编　侯爱国　李　耀
参　编　赵燕燕　周　杰　王利博　胡建霞　郝　飞

中国财富出版社有限公司

图书在版编目（CIP）数据

无人机应用与装调技术 / 吴战国主编. —北京：中国财富出版社有限公司，2021.10

ISBN 978-7-5047-7562-7

Ⅰ.①无… Ⅱ.①吴… Ⅲ.①无人驾驶飞机—组装—高等职业教育—教材 ②无人驾驶飞机—调试方法—高等职业教育—教材 Ⅳ.①V279

中国版本图书馆 CIP 数据核字（2021）第 218038 号

策划编辑	周　畅	**责任编辑**	邢有涛　沈安琪	**版权编辑**	李　洋
责任印制	梁　凡	**责任校对**	杨小静	**责任发行**	杨　江

出版发行	中国财富出版社有限公司		
社　　址	北京市丰台区南四环西路 188 号 5 区 20 楼	**邮政编码**	100070
电　　话	010-52227588 转 2098（发行部）		010-52227588 转 321（总编室）
	010-52227566（24 小时读者服务）		010-52227588 转 305（质检部）
网　　址	http://www.cfpress.com.cn	**排　　版**	宝蕾元
经　　销	新华书店	**印　　刷**	宝蕾元仁浩（天津）印刷有限公司
书　　号	ISBN 978-7-5047-7562-7/V·0002		
开　　本	710mm×1000mm　1/16	**版　　次**	2022 年 7 月第 1 版
印　　张	14	**印　　次**	2022 年 7 月第 1 次印刷
字　　数	244 千字	**定　　价**	49.00 元

前　言

近年来，随着无人机技术的发展，无人机已在多个领域有较为突出的应用，尤其是农林植保、电力巡检、安防应急、航拍航测等领域。2019 年，无人机驾驶员被正式确定为新职业。无人机组装与调试作为无人机驾驶员培养的一门核心课程，旨在让学生学习了解无人机结构与系统、无人机装调工具材料与操作安全、无人机调试和组装步骤流程等。为适应无人机技术发展，满足无人机驾驶员培训、学习需求，我们编写本书。本书从学生发展需求出发，坚持基础理论与实践操作相结合的原则，强调结合实际，着眼学生技能培养。

本书主要分为三篇。无人机理论篇主要从宏观层面系统概述无人机的基本概念、发展历程、发展现状和未来发展趋势，让学生以发展的视角，来认识和了解无人机行业。无人机应用篇主要论述多旋翼无人机的发展现状和未来发展趋势，以及多旋翼无人机在植保、测绘、电力巡检、安防和航拍等领域的应用，使学生对多旋翼无人机有深层次的认知和理解。无人机实践篇主要介绍多旋翼无人机的组装与调试的方法、步骤和程序，强化学生多旋翼无人机组装与调试的实践能力。

本书由吴战国担任主编，侯爱国、李耀担任副主编，赵燕燕、周杰、王利博、胡建霞、郝飞参与编写。其中第一章由李耀、周杰编写，第二章、第八章、第九章由吴战国编写，第三章由郝飞编写，第四章由王利博编写，第五章由赵燕燕编写，第六章、第七章、第十章由侯爱国编写，第十一章由胡建霞编写，全书由吴战国负责统稿。同时感谢赵月华老师为本书编写提供了可借鉴素材和编写思路。

由于编写人员水平有限，书中难免有错误和不足之处，敬请广大读者批评指正。

编　者

2022 年 2 月 16 日

目 录

无人机理论篇

第一章　无人机概述 …… 3
　第一节　无人机基本知识要点 …… 3
　第二节　无人机发展历程 …… 14
　第三节　无人机行业发展现状与未来发展趋势 …… 20

无人机应用篇

第二章　多旋翼无人机 …… 33
　第一节　多旋翼无人机基本知识要点 …… 33
　第二节　多旋翼无人机设计思路 …… 42
　第三节　多旋翼无人机发展情况与未来发展趋势 …… 51

第三章　植保无人机 …… 56
　第一节　植保无人机基本知识要点 …… 56
　第二节　植保无人机发展现状与未来发展趋势 …… 59

第四章　测绘无人机 …… 63
　第一节　测绘无人机基本知识要点 …… 63
　第二节　测绘无人机发展现状与未来发展趋势 …… 69

第五章　电力巡检无人机 …… 71
　第一节　电力巡检无人机基本知识要点 …… 71

第二节　电力巡检无人机发展现状与未来发展趋势 …… 76

第六章　安防无人机 …… 79

第一节　安防无人机基本知识要点 …… 79

第二节　安防无人机发展现状与未来发展趋势 …… 84

第七章　航拍无人机 …… 86

第一节　航拍无人机基本知识要点 …… 86

第二节　航拍无人机发展现状与未来发展趋势 …… 88

无人机实践篇

第八章　多旋翼无人机基本结构、组装材料与工具 …… 91

第一节　多旋翼无人机基本结构 …… 91

第二节　多旋翼无人机组装材料与组装工具 …… 119

第九章　多旋翼无人机组装与调试 …… 134

第一节　多旋翼无人机组装 …… 134

第二节　多旋翼无人机调试 …… 149

第三节　多旋翼无人机保养 …… 174

第十章　植保无人机组装与调试 …… 179

第一节　植保无人机主要机型与性能参数 …… 179

第二节　植保无人机组装与调试技巧 …… 182

第十一章　航拍无人机组装与使用 …… 200

第一节　航拍无人机组装与调试 …… 200

第二节　航拍无人机使用技巧 …… 212

参考文献 …… 215

无人机理论篇

第一章　无人机概述

【课前辅导】

本章主要讲解三个方面的内容。

1. 无人机的基本概念、分类、应用领域等，让人们对无人机的基本知识有全面的了解和认识。

2. 世界无人机的发展历程与中国无人机的发展历程，简单回顾无人机100多年发展历史。

3. 无人机的发展现状与未来发展趋势。一是无人机全球发展现状与国内无人机的发展现状，如无人机的市场规模、市场结构、企业结构等相关内容。二是无人机的未来发展趋势，对无人机未来发展作出预判。

【教学目的】

通过本章学习，重点掌握以下知识点。

1. 无人机的基本概念与分类。
2. 无人机主要的应用领域。
3. 无人机与有人机的区别，无人机之间的区别。
4. 无人机的特点与优势。
5. 无人机行业法律法规。
6. 无人机的发展历史、技术进步与机型变革。
7. 中国无人机市场规模、市场结构、地区结构等。
8. 民用无人机未来发展趋势。

第一节　无人机基本知识要点

本节主要讲解无人机的概念、分类、应用领域及无人机行业法律法规等相关内容。

无人机基本知识

一、无人机概念

中国民用航空局飞行标准司发布的《民用无人机驾驶员管理规定》，对无人机（全称无人驾驶航空器）及相关概念下了定义。

无人机（UAV：Unmanned Aircraft）是指由控制站管理（包括远程操纵或自主飞行）的航空器。

无人机系统（UAS：Unmanned Aircraft System）是指由无人机以及与其相关的遥控站（台）、任务载荷和控制链路等组成的系统。

从无人机概念来看，无人机就是利用无线电遥控设备和自备的程序控制装置进行操控的不载人飞行器，或者由车载计算机完全地或间歇地自主操作。它整合了无线图像传输系统，具备相当的自主控制、飞行规划及图像传输能力。无人机技术主要涉及传感器技术、信息处理技术、智能控制技术以及航空动力推进技术等，无人机是信息时代高科技的产物。

无人机就是机上没有驾驶员，由程序控制自动飞行或由人在地面、母机上进行遥控的飞机。无人机装有自动驾驶仪、程序控制系统、遥控与遥测系统、自动导航系统、自动着陆系统等，通过这些系统实现远距离控制飞行。

无人机结构简单、使用成本低，它不但能完成有人机执行的任务，更适用于有人机不宜执行的任务。无人机与有人机相比，具有体积小、造价低、使用方便、对作业环境要求低等优点。无人机的价值在于形成空中平台，结合其他部件扩展应用，替代人类完成空中作业。

随着研发技术逐渐成熟，制造成本大幅降低，无人机在各个领域得到了广泛应用，除军事用途外，还包括农业植保、电力巡检、地质勘探、环境监测以及影视航拍等民用领域，且其适用领域在迅速拓展。

二、无人机分类

无人机种类繁多、用途广、特点鲜明，不同的无人机在尺寸、质量、飞行航程、飞行高度、飞行速度、任务等多方面有较大差异。由于无人机的多样性，出于不同的考量会有不同的分类方法。总体来讲，无人机分类方法主要有七种：按用途分类、按飞行航程分类、按飞行高度分类、按重量分类、按行业标准分类、按运行风险分类和按飞行平台构型分类。

（一）按用途分类

无人机按用途可分为军用无人机、民用无人机与消费类无人机。

军用无人机：分为侦察无人机、诱饵无人机、电子对抗无人机、通信中继无人机、无人战斗机以及靶机等。

民用无人机：分为巡查/监视无人机、农用无人机、气象无人机、勘探无人机以及测绘无人机等。民用无人机广泛应用于农业、植保、快递运输、灾害监测、通信中继、观察野生动物、监控传染病、测绘、新闻报道、电力巡检等诸多领域。

消费类无人机：多执行娱乐及简单航拍任务。

（二）按飞行航程分类

无人机按飞行航程的不同分为超近程无人机、近程无人机、短程无人机、中程无人机和远程无人机，如表 1－1 所示。

表 1－1　无人机按飞行航程分类

序号	分类	飞行航程（km）
1	超近程无人机	<15
2	近程无人机	15～50（含）
3	短程无人机	50～200（含）
4	中程无人机	200～800
5	远程无人机	>800

（三）按飞行高度分类

按飞行高度，无人机可以分为超低空无人机、低空无人机、中空无人机、高空无人机和超高空无人机，如表 1－2 所示。

表 1-2　无人机按飞行高度分类

序号	分类	飞行高度（km）
1	超低空无人机	<100
2	低空无人机	100~1000（含）
3	中空无人机	1000~7000（含）
4	高空无人机	7000~18000
5	超高空无人机	>18000

（四）按重量分类

无人机按重量可分为微型无人机、轻型无人机、小型无人机和大型无人机，如表 1-3 所示。

表 1-3　无人机按重量分类

序号	分类	重量（kg）
1	微型无人机	≤7
2	轻型无人机	7~1167（含）
3	小型无人机	1167~5700
4	大型无人机	>5700

（五）按行业标准分类

按中国民用航空局飞行标准司 2018 年发布的咨询通告《民用无人机驾驶员管理规定》，无人机可分为 7 类，如表 1-4 所示。

表 1-4　《民用无人机驾驶员管理规定》中无人机分类

分类等级	空机重量（kg）	起飞全重（kg）
Ⅰ	0<空机重量/起飞全重≤0.25	
Ⅱ	0.25<空机重量≤4	1.5<起飞全重≤7.0
Ⅲ	4.0<空机重量≤15	7.0<起飞全重≤25
Ⅳ	15<空机重量≤116	25<起飞全重≤150
Ⅴ	植保类无人机	
Ⅺ	116<空机重量≤5700	150<起飞全重≤5700
Ⅻ	空机重量/起飞全重>5700	

（六）按运行风险分类

《无人驾驶航空器飞行管理暂行条例（征求意见稿）》中，根据运行风险大小，民用无人机可分为微型无人机、轻型无人机、小型无人机、中型无人机和大型无人机，如表1－5所示。

表1－5 无人机按运行风险分类

序号	分类	定义
1	微型无人机	空机重量小于0.25kg，设计性能同时满足飞行真高不超过50m、最大飞行速度不超过40km/h、无线电发射设备符合微功率短距离无线电发射设备技术要求的遥控驾驶航空器
2	轻型无人机	同时满足空机重量不超过4kg、最大起飞重量不超过7kg、最大飞行速度不超过100km/h，具备符合空域管理要求的空域保持能力和可靠被监视能力的遥控驾驶航空器（不包括微型无人机）
3	小型无人机	空机重量不超过15kg，或最大起飞重量不超过25kg的无人机（不包括微型无人机、轻型无人机）
4	中型无人机	最大起飞重量超过25kg不超过150kg，且空机重量超过15kg的无人机
5	大型无人机	最大起飞重量超过150kg的无人机

（七）按飞行平台构型分类

无人机按飞行平台构型分类可分为固定翼无人机、无人直升机、多旋翼无人机、其他无人机（无人飞艇、扑翼无人机、伞翼无人机、系留无人机）等。

固定翼无人机：固定翼无人机是指动力装置产生前进的推力或拉力，由机身固定的机翼产生升力，在大气层内飞行的重于空气的无人机（见图1－1）。

无人直升机：无人直升机是指依靠动力系统驱动一个或多个旋翼产生升力和推动力，实现垂直起降及悬停、前飞、后飞、定点回转等可控飞行的无人机（见图1－2）。

多旋翼无人机：多旋翼无人机是指具有3个及以上旋翼轴（提供升力和推动力）的可垂直起降的无人机。

图 1-1　固定翼无人机

图 1-2　无人直升机

三、无人机应用市场

无人机在国民经济多个行业领域均有应用。

无人机应用市场主要分为以下三类。

（一）消费级无人机应用市场

以多旋翼无人机为代表的消费级无人机应用市场已经进入快速成长期，公开数据显示，消费级无人机应用市场每年增长迅速，消费级无人机产品种类与服务日益丰富，其中的领军品牌大疆，占据70%以上的消费级无人机市场份额。①

消费级无人机主要用于个人摄影、影视拍摄、体育赛事等活动。消费级无人机的技术门槛低，一套开源程序就可以支持飞行器的起飞和降落，几乎任何人都可以用开源程序做一套无人机平台。近几年，新型轻质材料广泛应用、飞控核心技术成熟让消费级无人机行业门槛进一步降低，加剧行业竞争。行业竞争的加剧又导致无人机产品分化，各大厂商开始走差异化路线，针对不同用户需求推出不同的产品。

（二）工业级无人机应用市场

工业级无人机主要用于农作物长势监测与估产、农业作业、人工降雨、保护区野生动物监测、物流、安保巡防、电力巡检、测绘、交通巡逻、治安监控、环境监测、矿产资源勘探、消防侦察、应急减灾、应急指挥、生态环境保护、土地利用调查、海洋环境监测、水资源开发、城市规划与市政管理、自然灾害监测与评估等。

（三）军事级无人机应用市场

军事级无人机应用已经成为独立产业。无论国内、国外都有很多非常成功的产品。许多国家都有专注于该类市场的相关企业，开发满足不同需求的无人机。

四、无人机之间的区别

（一）不同飞行平台构型无人机间的区别

无人机按不同飞行平台构型分为固定翼无人机、多旋翼无人机、无人直升机、无人飞艇、扑翼无人机、伞翼无人机和系留无人机等，这些无人机各有特点，而且各有优劣势，其主要对比情况如表1-6所示。

---

① 前瞻产业研究院．2020年大疆无人机行业发展现状分析　占据全球及国内市场份额分别超80%和70%［EB/OL］．（2020-10-19）［2021-09-10］．https：//bg. qianzhan. com/report/detail/300/201019-910cae82. html.

表 1-6　不同飞行平台构型的无人机对比

	特点	优势	劣势
固定翼无人机	民用涉及较少，主要应用于军事、工业领域	载重大，续航时间长，航程远，飞行速度快，飞行高度高，性价比高	起降受场地限制多，无法悬停，对控制系统要求高
多旋翼无人机	结构简单，起降灵活，可悬停，载荷量小，故障率高	能垂直起降，操作灵活，价格低廉	有效载荷小，航程短，航速慢，滞空时间短，续航时间短
无人直升机	结构复杂，可垂直起降，维护成本高	载荷或航时稍大，起降时场地限制少	结构脆弱，故障率高
无人飞艇	结构简单，升空时间长，使用复杂	成本低，安全系数高，稳定性强	移动缓慢，操作不灵活，易碰撞，精度低
扑翼无人机	模仿自然界动物唯一的主动飞行方式，小、巧、灵、高	效率极高，高效低耗，可垂直起降、悬停、俯冲、急转	技术不成熟，扑翼空气动力学问题尚未完全解决
伞翼无人机	可高空投掷	结构简单，成本低，可控空降空投	空气助力大，速度慢，重复使用操作复杂
系留无人机	地面有线供电，长时间滞空，载重大，可靠性高	安全、稳定、高效、可长时间滞空，抗干扰能力强	受有线牵制，自由度有限，不能做大范围高速移动

（二）消费级无人机与工业级无人机间的区别

消费级无人机与工业级无人机之间的区别主要体现在搭载设备、性能素质、应用领域、营销模式和购置价格等方面。

搭载设备不同：一般来说，消费级无人机上搭载最多的就是相机、摄像头一类的拍摄设备，根据需要会配有云台和图传电台。而工业级无人机一般会根据行业需求不同搭载各种专业探测设备，比如热红外相机、高光谱相机、激光雷达、大气探测器等，不过也有很多工业级无人机搭载光学相机。

性能素质不同：工业无人机比消费无人机有更好的素质，例如抗风能力更强，续航更持久，抗干扰能力更强，有更多的功能，可塑性强等。

应用领域不同：消费级无人机多用于个人娱乐和摄影创造、低成本的影视创作等；而工业级无人机可以进行货物运输、专业影视拍摄、地形勘察、野外搜寻、救援等，例如在西北高原上建的高压电线塔就运用无人机进行挂标，一线城市还会用工业级无人机来进行移动监测。

营销模式不同：消费级无人机一般是固定型号量产销售，工业级无人机则需要根据需求定制，以大疆经纬系列为例，经纬部分型号可以搭载多重型号多种功能的相机，甚至可以搭载多个相机，如热成像相机、大变焦相机等。

购置价格不同：消费级无人机一般从千元到数万元不等，而工业级无人机价格一般在 2 万 ~8 万元，甚至数十万元。

（三）无人机与航模之间的区别

无人机与航模之间的区别主要体现于定义、飞控系统、自动控制、组成、用途、安全管理六个方面。

定义不同。无人机是一种由无线电遥控设备或自身程序控制装置操纵的无人驾驶飞行器。无人机可以完全不用遥控器，通过电脑、地面站、地面电路操作。无人机可以飞到几千公里以外，目前已有飞行时间达到 48 小时的无人机。这也是无人机的一个显著特点，航模是达不到的。

一般航模要在视距内。视距不超过 500 米，相对高度不超过 120 米。航模是一种重于空气的，有尺寸限制的，带有或不带有动力装置的，不能载人的，要在视距内飞行的航空器。

飞控系统不同。通俗来说，无人机通过复杂的中央飞控系统，与地面通过参数进行交互，改变姿态和机动情况，实现自主飞行。

航模虽然也是无人驾驶，但其是在操控手的视距范围内由操控手遥控实现机动和姿态的调整。

无人机本身是带着“大脑”飞行，可能“大脑”受限于人工智能，没有人脑灵光。但是航模的“大脑”始终在地面，在操纵人员的手上。

自动控制不同。在自动控制方面，无人机能够智能应对多种情况，按要求执行任务，与地面站进行数据融合和任务确认，并要求进行下一步操作。而大多数航模的自动控制只能实现失控后自动返航。

组成不同。无人机比航模要复杂。无人机系统由飞行平台、动力系统、飞控导航系统、链路系统、任务系统、地面站等组成，主要是为了完成特定任务，追求的是系统的任务完成能力，科技含量高。航模由飞行平台、动力系统、视距内遥控系统组成，主要是为了大众的观赏性，追求的是飞行优雅等，科技含量并不高。部分高档的航空模型和低档的无人机在飞行平台、动力系统部分并无太大区别。

用途不同。无人机多执行超视距任务，最大任务半径可达一万公里，通过机载导航飞控系统自主飞行，通过链路系统上传控制指令和下传任务信息。

航模通常在目视视距范围内飞行，控制半径小于800米，操作人员目视航模，通过手中的遥控发射机操纵航模，机上一般没有任务设备。很多无人机系统也有类似航模的能力，可以在视距内直接遥控操作。

安全管理不同。在我国，民用无人机由民航局统一管理，航模由国家体育总局航空无线电模型运动管理中心管理。

无人机行业法律法规

科学技术不断创新和发展，极大促进了无人机行业的规模化发展，无人机在国民经济建设领域应用越来越广泛。随着客户群体越来越多，出现了一些“黑飞”或“乱飞”现象。为此，我国相继出台行业管理制度和法律规定，以规范、引导无人机的行业发展。

2013年11月，中国民用航空局下发了《民用无人驾驶航空器系统驾驶员管理暂行规定》，彰显政府推进行业规范化发展的决心。在分类管理方面，该文件指出，在融合空域运行的小型无人机、在融合空域运行的大型无人机、充气体积在4600立方米以上的遥控飞艇，以上三种情况，无人机系统驾驶员由中国民用航空局实施管理，其余情况，无人机系统驾驶员自行负责或由行业协会实施管理。

2014年，《低空空域使用管理规定（试行）（征求意见稿）》发布，将低空空域分为管制空域、监视空域、报告空域以及目视飞行航线。

2016年9月21日中国民用航空局空管行业管理办公室出台的《民用无人驾驶航空器系统空中交通管理办法》规定：民用无人驾驶航空器飞行必须在机场净空保护区以外；民用无人驾驶航空器最大起飞重量小于或等于7千克；必须在昼间飞行；飞行速度不大于120千米/小时；民用无人驾驶航空器应符合适航管理相关要求；驾驶员符合相关资质要求；在进行飞行前驾驶员应完成对民用无人驾驶航空器系统的检查；不得对飞行活

动以外的其他方面造成影响，包括地面人员、设施、环境安全和社会治安等。

2017 年 5 月，《民用无人驾驶航空器实名制登记管理规定》发布，最大起飞重量不小于 250 克的民用无人机，必须在中国民用航空局民用无人机实名登记信息系统实施登记。建立无人机登记数据共享和查询制度，实现与无人机运行云平台的实时交联。2018 年 1 月，《无人驾驶航空器飞行管理暂行条例（征求意见稿）》发布。

与此同时，为了加强无人机行业规范性发展，国务院办公厅于 2016 年 5 月发布了《国务院办公厅关于促进通用航空业发展的指导意见》。交通运输部于 2017 年发布《民用航空空中交通管理规则》。2018 年《国家发展改革委 民航局关于促进通用机场有序发展的意见》发布。

此外，中华人民共和国商务部、工业和信息化部、国家市场监督管理总局、国家标准化管理委员会等相关机构均出台了相关文件。

部分无人机相关文件如表 1－7 所示。

表 1－7　部分无人机相关文件

序号	文件名	发布单位	发布时间
1	《轻小无人机运行规定（试行）》	中国民用航空局	2015 年 12 月 29 日
2	《无人驾驶航空器飞行管理暂行条例（征求意见稿）》	中国民用航空局	2018 年 1 月 26 日
3	《民用无人驾驶航空器经营性飞行活动管理办法（暂行）》	中国民用航空局	2018 年 3 月 21 日
4	《民航局关于促进航空物流业发展的指导意见》	中国民用航空局	2018 年 5 月 11 日
5	《民用无人机驾驶员管理规定》	中国民用航空局	2018 年 8 月 31 日
6	《低空飞行服务保障体系建设总体方案》	中国民用航空局	2018 年 9 月 28 日
7	《基于运行风险的无人机适航审定指导意见》	中国民用航空局	2019 年 1 月 25 日
8	《特定类无人机试运行管理规程（暂行）》	中国民用航空局	2019 年 2 月 1 日
9	《促进民用无人驾驶航空发展的指导意见（征求意见稿）》	中国民用航空局	2019 年 5 月 14 日
10	《轻小型民用无人机飞行动态数据管理规定》	中国民用航空局	2019 年 11 月 5 日
11	《民用无人驾驶航空试验基地（试验区）建设工作指引》	中国民用航空局	2020 年 5 月 21 日

尽管多个机构相继出台有关无人机产业发展的文件，为无人机产业的有序发展和无人机的广泛应用提供了有力保障。但在国家层面，无人机相关管理法律法规仍不够完善，在一定程度上制约了无人机产业的发展。

第二节　无人机发展历程

本节主要讲解无人机百年来的发展历程和技术、机型的演变过程。

世界无人机发展历程

一、无人机诞生与研制背景

无人机的起源可追溯到第一次世界大战，1914 年英国的卡德尔和皮切尔两位将军提出了研制一种使用无线电操控的小型无人驾驶飞机执行空投任务的建议。1916 年 9 月 12 日，第一架无线电操控的无人驾驶的飞机在美国试飞。1917—1918 年，英国与德国先后研制成功无人驾驶的遥控飞机，其被认为遥控无人机的先驱。

二、无人机发展演变过程

随着无人机技术的逐步成熟，到了 20 世纪 30 年代，英国政府决定研制一种无人靶机。1933 年 1 月，由“费雷尔”水上飞机改装成的“费雷尔 · 昆士”无人机试飞成功。此后不久，英国又研制出一种全木结构的双翼无人靶机，命名为“德 · 哈维兰灯蛾”。在 1934—1943 年，英国一共生产了约 420 架这种无人机，并将其重新命名为“蜂王”。

英国在无人机的研制上捷足先登，美国也不甘落后。早在 1915 年，美国的斯佩里公司和德尔科公司就曾研制出第一架无人机。这架无人机总重约 272 公斤，由 1 台 30 千瓦的活塞式发动机提供动力，装在一个 4 轮滑车上，草地上铺设了滑轨。飞机发动后，带动滑车在滑轨上滑行。达到一定速度后，飞机即脱离滑轨飞上天空。它由一个简单的陀螺仪装置控制飞行方向，由一个膜盒气压表自动控制飞行高度。1915 年，这架被取名为“空中鱼雷”的无人机成功地进行了试飞。

第二次世界大战结束后，随着航空技术的飞速发展，无人机也逐渐步入鼎盛时期。时至今日，世界上研制生产的各类无人机已近百种，并且一些新型号正在研制之中。而随着计算机技术、自动驾驶技术和遥控遥测技术的发展和在无人机中的应用，无人机应用日益广泛，被誉为“空中多面手”“空中骄子”。一款被命名为“猎鹰 HTV－2”的无人飞行器可以音速20倍的速度飞行，预计该速度下不足12分钟便能从纽约抵达洛杉矶，而正常情况下普通航班飞行至少需要5小时。

三、无人机里程碑式时间节点

1983年，日本开始研发一种用于喷洒农药的无人直升机。

1991年，雅马哈敲开农业植保的大门。雅马哈自1991年进入植保市场以来，积累的作业时间超过200万小时。仅在日本，雅马哈农用无人机在用数量已超过2500台，担负着日本35%的稻田病虫害防治工作。

20世纪90年代后，随着新技术、新材料、数字传输技术的不断发展，无人机开始向智能化、数字化、自动化、小型化发展。各国也逐渐关注无人机在民用领域市场的发展。尤其像美国、欧盟、以色列、韩国、印度、澳大利亚等国家和地区，逐渐开始将无人机运用到民用领域，并取得了丰硕的成果。

2003年，美国成立世界级的无人机应用中心，美国国家海洋和大气管理局用无人机来追踪热带风暴有关数据。2007年美国森林大火的评估工作就是伊哈纳无人机承担的。

2006年，欧盟设定民用无人机发展路线，并按路线实施相关举措，加快了无人机的民用步伐。

2008年，以色列组建民用无人机及其工作模式的试验委员会，与有关部门合作展开多种民用任务的有关飞行活动。

2010年，消费级无人机市场打开。2010年，法国 Parrot 公司发布了四旋翼无人机 AR. Drone。自此，越来越多的企业开始投身消费级无人机市场。

2012年，航拍无人机兴起。2012年之前，消费级无人机市场的客户群主要为航模爱好者、发烧友等小众群体。2012年，世界首款航拍一体机大疆精灵 Phantom 1 问世，无人机开始走向大众市场。

2013年，亚马逊公司时任 CEO（首席执行官）杰夫·贝索斯透露了公司的送货无人机服务计划“Prime Air”，旨在利用GPS（全球定位系统）技术让无人机可在30分钟内将货物送至消费者手里。为了实现这一目标，亚马逊公司已经进行了数次试验，并不断地对产品改良换代。

2014年，无人机服务广受关注。2014年5月，通过无人机进行数据采集服务的公司Skycatch完成1320万美元的融资，这使媒体和行业开始关注到以数据采集服务为代表的无人机服务市场的巨大发展空间。

2015年11月，世界首架3D（三维）打印喷气式动力无人机在迪拜航空展上亮相，凭借约241km/h的飞行速度，其成为当时世界上飞行速度最快的3D打印无人机。

中国无人机发展历程

中国无人机已全面进入快速成长发展期，在满足国内市场需求的同时，逐步走向国际市场。下面主要介绍中国民用无人机的发展历程。

中国民用无人机的发展起源于军用无人机，而且经过约40年的不懈努力，取得了世人瞩目的巨大成就。中国民用无人机现已形成品种齐全、功能多样的完备产品体系，而且技术的先进性、安全性和可靠性均达到世界先进水平。

从无人机发展时期来看，经过萌芽期、培育发展期、成长发展初期，现中国民用无人机已进入快速成长发展期。其各个时期的主要特征如表1－8所示。

表1－8　中国民用无人机不同发展时期特征

发展时期	时间	特征
萌芽期	20世纪80年代	控制系统技术不够成熟，成本高，20世纪80年代初，西北工业大学开始尝试将固定翼无人机用于地图测绘和地质勘察
培育发展期	20世纪90年代至2010年	部分企业开始对无人机进行探索，民用企业开始入局无人机领域，产品主要用于科研，面向市场销售的成熟产品较少

续 表

发展时期	时间	特征
成长 发展初期	2011 年至 2014 年	军工企业利用技术优势，开始涉足民用领域，大量民企开始进入民用无人机行业。工业级无人机开始走向市场，多旋翼无人机技术的成熟带动了民用无人机市场快速发展
快速成长 发展期	2015 年至今	无人机走进大众视野，开始普及，行业独角兽出现，且越来越多的企业入局，推动行业的发展

（一）萌芽期

1980 年 3 月，陕西省科学技术委员会委托西北工业大学研发一种多用途无人机，主要用于航空测绘和航空物理探矿。1982 年，样机和地面设备研制完成，并试飞成功，从此开启了我国民用无人机时代。这款 D－4 无人机是我国第一款民用的无人机，广泛用于航拍、测绘、遥感、探矿、植保等诸多领域。

（二）培育发展期

1997 年，气象无人机诞生。1997 年，澳大利亚 Aerosonde 公司研发的一款无人机 Aerosonde（气象侦察兵）投入使用。2001 年，美国利用该款无人机进行了低空气象探测尝试，获得了进水面（约 300m）的温度、湿度和风速等气象资料。同年，我国台湾科学家利用该无人机成功飞入“海燕（0121）”台风的环流圈内，测得了气压、最大风速和温度等气象信息。

2005 年，我国台湾科学家利用 Aerosonde 公司生产的“MK－Ⅲ”无人机成功穿越了“龙王”的台风眼，在台风核心区持续飞行了近 10 个小时，并获取了飞行高度 3km 处台风云墙内的风速。

经过无人机军转民的不断尝试和发展，人们充分认识到无人机在国民经济发展的重要性，进而为民用无人机宽范围、多领域、立体化发展创造了条件。

2008 年，无人机助力抗震救灾。汶川地震发生后，多家机构和企业联合成立“无人机遥感应急赈灾联合组”，并于 2008 年 5 月 15 日，获取了重灾区四川省德阳市绵竹县汉王镇的航空遥感影像；于5月16日获取了四川省德阳市什邡市洛水镇影像；5月17日以后无人机主要对地震后山体滑坡、崩塌等形成的堰塞湖进行拍摄。无人机航拍的相关影像经简单拼接与注释后，就被立即送到抗震救灾指挥中心，服务于救人以及对于堰塞湖的动态监测与风险评估。

2009年，国家电网公司正式立项研制无人机巡检系统。同年，南方电网普洱供电局输电所成立攻关小组开展技术创新，组织员工到施工现场测量数据，外出取经。在输电所的有力支持下，员工设计了降低雷击跳闸率的改造方案，提出了无人机巡线的设想。

（三）成长发展初期

海鹰品牌旗下的雀鹰 HW－100 系列轻型无人机、腾飞 HW－200 系列小型无人机、刀锋 HW－300 系列中型无人机、天鹰 HW－600 系列中大型无人机以及合作开发的"翔云" HW－X100 系列、HW－X200 系列无人机成为行业内的一面旗帜。海鹰无人机在汶川地震、舟曲泥石流等重大自然灾害抢险救灾中发挥了重要作用，并为神舟飞船发射和回收提供气象保障服务。天鹰 HW－600 无人机在珠海航展上被誉为"中国的捕食者"。

2012年，深圳市大疆创新科技有限公司（简称大疆创新）发布全球首款三轴无刷电机直驱云台禅思 Z15－5N，它利用姿势解析和超高精度无刷电动机控制解决了舵机云台响应慢、转动不平滑导致的拍摄视频抖动以及水波纹问题，开启了多旋翼无人机真正意义上的航拍时代。

2012年12月，由同济大学航空航天与力学学院、上海奥科赛飞机有限公司共同研制的中国第一架纯燃料电池无人机飞跃一号，在上海奉贤海边首次试飞成功。该无人机可升至2000米高空，时速为30公里/小时，可连续飞行2小时，非常适合用于环境监测等领域。

2013年以后，我国无人机在民用领域全面开花，广泛用于防灾减灾、搜索营救、交通监管、资源探测、森林防火、气象探测等。

2014年，大疆创新推出了首款高清广角相机和无刷云台集成的一体机方案精灵 Phantom 2 Vision +，同时采用 Wi－Fi（无线网络通信技术）数字图传提供远距离传输清晰画质。无人机厂商自主研发高清相机并集成到云台成为发展趋势，以一体化为标准的第二代无人机设计理念逐步得到广泛认同。

2014 年，大疆创新发布了 Linghtbridge 全高清数字图传系统。它拥有实测 1. 7km 的全高清图像传输功能，相比 Wi - Fi 数字图传，传输距离更远，环境抗干扰能力更强，信号传输延时更低。可以说，Lightbridge 的发布开启了无人机高清航拍的时代。

2014 年 6 月，中华财险同无锡汉和航空技术有限公司（简称汉和无人机）签约，为汉和无人机的植保无人机提供保险服务，开创了中国无人机保险的先河。2014 年是具有里程碑意义的一年，它不仅标志着无人机进入全高清图传、初级视觉悬停辅助、自带 4K 高清相机的第三代多旋翼无人机时代，也标志着民用无人机即将进入快速成长发展期。

（四）快速成长发展期

2015 年 8 月 6 日下午，深圳 20 多名无人机驾驶员，通过 AOPA（中国航空器拥有者及驾驶员协会）的认证考试拿到无人机“驾驶证”，成为深圳首批拿到资格证的无人机驾驶员。

2016 年 1 月 18 日，中国新型遥感无人机“极鹰 2 号”在南极长城站成功首飞。至此，中国极地遥感无人机已实现包括北极斯瓦尔巴群岛和南极中山站在内的三种不同极区环境中的成功飞行。

2016 年 1 月 6 日，我国发布了全球第一款能搭载一名乘客且全天候飞行的大型无人机。其外观与直升机类似，但完全自动驾驶，无须飞行员。这款无人机未来可能成为人类中短途日常交通运输工具。

随着智能硬件、人工智能、5G 技术（第五代移动通信技术）、虚拟现实、感知避障等快速发展，以第三代全高清航拍无人机核心技术为基础，具备环境感知、视觉跟随、自主避障和精确视觉悬停辅助系统等技术的消费类航拍无人机成为主流，这意味着人们进入了第四代智能视觉航拍无人机时代。

中国无人机市场全面进入快速成长发展期，在产业链、技术研发、产品结构、资本投资、市场规模、军民融合等诸多方面均进入高速发展期。

国内消费无人机市场火热，普通民众对无人机的认可度越来越高，需求逐年攀升。过去几年，无人机企业、融资次数、飞手数量和产品用途都有了明显增多，甚至出现了指数型增长，监管制度方面也有了进一步完善。

第三节 无人机行业发展现状与未来发展趋势

无人机发展现状

一、国内无人机发展现状

我国是全球领先的无人机生产大国，发展态势十分强劲，取得成果非常喜人。但从全国无人机市场贡献率来看，无人机行业的收入主要来源于军用和出口两大市场，合计收入对行业贡献率在90%左右（军用与民用无人机的产值构成比约为9∶1）。

《2019中国民用无人机发展报告》显示，截至2019年，中国国内无人机市场规模为369.3亿元。其中军用与民用无人机市场规模分别为149.3亿元和220亿元（这里不包括出口国外的无人机市场规模），占比分别为40.4%和59.6%。在民用无人机市场中，消费级无人机市场与专业级无人机市场对国内无人机市场的贡献率基本趋于均等。其中航拍娱乐市场、农林植保市场、公共安全市场与基础设施巡检市场占比分别为42%、17%、8%。

无人机研发与生产企业主要分布于深圳、广州与北京等国内一线城市，其中深圳是中国无人机的摇篮，是中国“无人机之都”。大疆创新代表中国民用无人机企业的最高水平，产品约占全球消费级无人机市场70%的份额。

从应用领域看，无人机在航空摄影、农业植保、巡检、测绘、物流配送、应急救援等领域稳步发展。

（一）农业植保无人机

农业植保无人机已经成为现代农业的新宠儿，占工业级无人机市场的比重为41.5%，约占整个无人机应用领域的20%。截至2019年年底，我国已生产各类植保无人机170多个品种，保有量5.5万余架，作业面积超8.5亿亩次。植保无人机、飞防员与农药构成我国农业飞防体系的三大要素。

（二）巡检无人机

电力巡检是无人机行业巡检应用的主要领域。国家电网公司和南方电网公司正着力推进无人机班组建设，完善各类保障支撑体系。此外，无人机行业巡检范围已逐步扩大到基础设施巡查、环保执法取证、森林防火监控、违章违建核查、高速公路管理、海事执法取证等领域。

（三）测绘无人机

全国有超过300家测绘单位拥有航摄资质，使用无人机数量超过2000架。2019年自然资源部启动“十四五”基础测绘规划编制工作，推动实景三维中国建设项目。这一项目将引领测绘行业近40万名专业技术人员从传统测绘领域转入无人机测绘领域。

（四）物流配送无人机

2019年民航局批准的顺丰、京东无人机物流配送应用试点，已累计飞行4万余架次、1.5万小时，并将试点范围扩大到四川、云南等地。2019年10月，民航局向杭州迅蚁公司颁发了《特定类无人机试运行批准函》和《无人机物流配送经营许可》，该公司将在杭州市范围内利用空中配送网络为市民提供安全、高效的医疗急救用品运输和同城即时配送服务。这是国内首个完成运行风险评估和验证工作的特定类无人机试运行项目，也是全球首个获得城市场景无人机物流试运行批准的项目，同时，无人机物流试点已从农村地区移至市区，这标志着无人机物流测试有了巨大的成果。

二、国内无人机发展面临的主要问题

我国无人机行业发展主要面临技术、安全与市场三大方面的问题。

（一）技术问题

随着无人机在各领域的广泛使用，不同领域对无人机的技术要求各不相同，这就需要企业不断融合和创新。我国无人机行业在技术上存在以下几点问题。

研发投资不足。研究资料显示，中国生产制造的无人机占据了全球民用无人机市场将近90%的出口份额，约200家无人机生产企业角逐市场，但是除了大疆创新等少数企业拥有核心技术外，95%以上的无人机企业从传统航模及玩具厂商转型而来，它们都在做无人机组装，并没有自主研发能力。尽管中国是全球无人机生产制造大国，但由于缺乏科技创新能力，中国无人机企业在全球市场竞争力不高。无论在无人机研发人才队伍、资本投资还是研发类企业数量或综合实力上，中国与美国相比，还有差距(见表1－9)。

表1－9　　中美无人机企业类型对比

发展阶段	中国	美国
无人机研发制造	83.3%	43.3%
数据采集制造	16.7%	36.7%

资料来源：Bilibili专栏《中国民用无人机市场分析报告》。

飞控系统不够精准、清晰。飞控系统是无人机完成起飞、空中飞行、执行任务和返场回收等整个飞行过程的核心系统，飞控系统之于无人机相当于驾驶员之于有人机，因此，飞控相关技术是无人机的核心技术之一。未来无人机态势感知等方面的需求将不断加深，要求无人机传感器具有更高的探测精度、更高的分辨率。

导航系统不够精密。导航系统向无人机提供参考坐标系的位置等，引导无人机按照指定航线飞行，但目前的导航系统都有盲点，未来无人机应拥有障碍回避、自动进场着陆等功能，需要导航系统具有高精度、高可靠性、高抗干扰性能。

动力系统续航能力不够强。作为电池供电的智能硬件，无人机无法燃烧航空煤油，在保证体积及重量足够小的同时，还要确保空中飞行的时间足够长。不同用途的无人机对动力装置的要求不同，但都希望发动机体积小、成本低、工作可靠。随着涡轮发动机推重比、寿命不断提高，油耗降低，涡轮将取代活塞成为无人机的主力动力机型，太阳能、氢能等新能源电动机也有望使小型无人机续航持久。

拍摄及传输功能有待提高。由于航拍、空中巡查是运动拍摄，摄像头要具备运动型摄像机的功能。想要在无人机飞行抖动过程中保持图像稳定，就需要在增大精度、镜头兼容性和转动范围等技术方面实现突破。同时高清、超高清图像需求也给传输速率及存储带来挑战，建立更加科学智能的数据链传输系统是解决这一问题的良药。

（二）安全问题

越来越多的无人机出现在人们的视野当中，但无论是工业级无人机还是消费级无人机，都存在安全隐患。之前曾发生过无人机和客机“抢地盘”的事件和无人机不能自动避障、室内无导航等导致群众被划伤的事件；同时，随着航拍爱好者迅速增多，人们开始害怕一不小心就“被直播”。目前我国已经出台了法规来约束无人机的“黑飞”状况，但恐怕还需要些时日才能看到成效。首先相关的执法部门要明确自身职责和权限，其次无人机的驾驶员要更熟悉法规和申请“明飞”的流程。

（三）市场问题

由于低成本无人机组装便捷及销售渠道的多样化，无人机企业呈现爆发式增加，但随着市场的竞争激烈程度加剧，未来几年没有实力和技术含量的无人机企业将会倒闭，无人机市场将会面临一次“死亡潮”，只有掌握核心技术的企业才能生存下去。但就消费者对这个行业的需求来看，无人机行业还处于高速发展的阶段，机遇与挑战并存。

无人机企业只有把这些问题时刻摆在眼前，时时敲响警钟，才能发展更长久，才能真正挖掘蓝海，更平稳地走向未来。

三、无人机未来市场展望

无人机自诞生至今已经有 100 多年历史，近期在硬件、软件和数据处理方面的技术突破使得无人机能够成为商用主流。

2017 年发布的《工业和信息化部关于促进和规范民用无人机制造业发展的指导意见》指出：发展目标是到 2020 年，民用无人机产业持续快速发展，产值达到 600 亿元，年均增速 40% 以上。

有关研究机构资料显示，国内民用无人机主要市场结构大致如下：航拍娱乐市场规模 250 亿元，公共安全市场规模 150 亿元，农林植保市场规模 100 亿元，基础设施巡检市场规模 50 亿元，其他（物流等）市场规模 50 亿元（见图 1－3）。

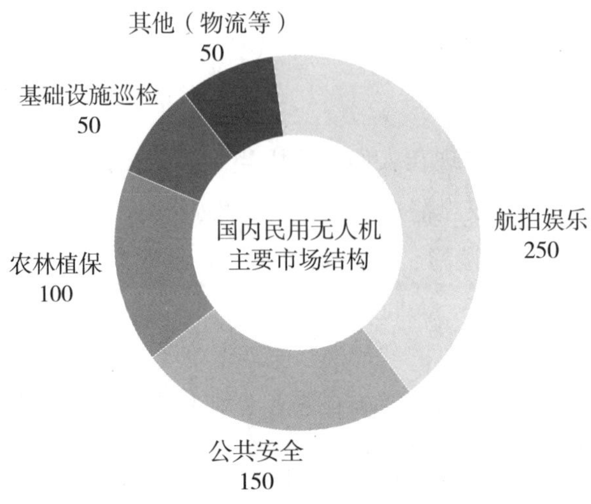

图 1－3　国内民用无人机主要市场结构
（单位：亿元）

民用无人机未来发展趋势

随着 5G 技术与人工智能技术的融合发展，无人机将迎来新的发展浪潮。5G 技术的低延时特征将使无人机控制摆脱距离限制，这样一来，无人机的大规模部署将成为可能。无人机与人工智能的结合，将使其更加小型化。5G 技术和人工智能技术将推动无人机进入更加智能化和小型化的时代。届时将会产生更多的无人机替代人工、天空替代地面、群体作业替代个体作业的无人机应用场景。无人机与 5G 技术的结合，将加快形成空基互联网。在消费类无人机的航拍方面，5G 技术将提升用户的体验，使得画面更清晰，数据传输更快，控制范围更广。

未来，技术的升级、消费群体的扩大、应用领域的拓展，都将为无人机行业带来广阔的发展空间。行业专家学者表示，无人机不仅以高科技、低成本的方式实现人们的“飞行梦想”，也以“俯瞰”的视角记录着人们的日常生活。这是一个拓展人类认知和活动领域的行业，也是技术前沿行业。建立行业规范，完善相关法律，培育更大市场后，无人机行业必将为人们生产和生活提供更多更好的服务。

民用无人机在未来发展中，将呈现出 13 个特点：微型化、隐形化、系统化、高速长航时化、研发升级智能化、产业体系协同化、消费产品个性化、行业应用专业化、技术创新常态化、经营模式系统化、运营服务精准化、交互平台数字化和安全监管规范化。

（一）微型化

无人机的应用范围愈加广泛，人们对它的需求也越来越多：尺寸小、体积小、重量足够轻、功能范围面积大、便于拿取、易操控。要想做到这些不光要将一些基础设备微小化，保证长久续航，还要有一定的生物科学技术作为基础。

（二）隐形化

隐形技术是通过降低无人机的信号特征，让无人机难以被识别、发现、跟踪和破坏的技术，使无人机就像变色龙一样能够适应环境的变化。要想隐形化，一要减少电磁波的反射和热量的集聚，二要减弱红外辐射，三要使用含可改变波长的添加剂的燃料或改变发动机的构造，以加快热量散失。

（三）系统化

无人机需要人进行定向定点操作，达到系统化以后，无人机之间的协调合作能力将大幅提升，可实现集群式大规模的应用模式，代替人工，节省人力。在一个统一的系统下，无人机群合作配合天衣无缝，明确分工，实现分批次分重点分强度的智能化应用模式。

想要实现系统化，具体来说要做到以下几点。研究制订民用无人机数字规则、技术方案，实现“一机一码”；引导企业通过加装通信模块、飞控软件升级、预留接口或采用国家制定的统一传输协议等技术手段，将产品纳入国家统一管控；利用移动、广播式自动监视系统或卫星通信等方式，实现民用无人机可识别、可监视、可管理；加快建设基于民用无人机身份识别和飞行状态的国家级管控平台，建立安全防护体系，强化管控平台自身安全保障能力。

（四）高速长航时化

飞行速度的大大提升将很大程度提高无人机机动性，从而增强其协调能力。要想无人机实现长航时化，需要对其燃料系统做相应改进。可以开发研究高效燃料电池或利用新能源（如太阳能）替代原有能源。高速长航时化的无人机，将为无人机作为多任务平台提供物质基础，将大幅提高无人机的勘察能力，弥补不足。

（五）研发升级智能化

在智能时代，消费者对于无人机功能性需求提升，复杂的工业应用场景对无人机提出了更多的技术要求与更高的安全要求，企业需要深入系统进行技术研发，在硬件、软件、算法、系统等方面构建起飞行安全体系。无人机研发升级智能化正在不断深入，推动人工智能技术在无人机领域的融合应用。日后，无人机将集成先进的机器人技术和算法技术，丰富的传感器和任务设备，可以自动、智能地完成多项复杂的任务。无人机与 VR（虚拟现实）、大数据、云计算、互联网、物联网相结合，未来可能成为具备智能视觉、深度学习功能的“空中智能机器人”，能够自适应、自诊断、自决策、重规划，完全脱离人机一体的实体操作，实现飞行轨迹、操作控制的全过程数字化与自动化以及交通管理过程的数字化。这将使无人机在普通消费用户市场中获得巨大的应用空间，延续无人机在工作环境中的价值，让无人机为人类提供智慧服务。

无人机“续航能力、安全系数和操控方式提升”一直是其发展的重要课题，而研发升级智能化是多个领域的创新方向。相信在这个万物融合的“＋”时代，“无人机＋人工智能”的完美结合也会在不久之后惊喜地出现在公众的视野当中。人工智能深度学习、感知技术、生物识别等技术都会使无人机更加精准、自主和智能。

（六）产业体系协同化

随着无人机市场的逐渐兴盛，无人机产业将从设计、研发、制造等技术领域延伸到无人机租赁、操作员培训等管理、服务、保障领域，进而触及社会生产、生活更广更深的层面，逐步形成一条新的产业链。通过提升生产制造能力及供应链管理和质量控制能力，增进信任，加强顺应时势与需求导向的市场推广，健全完善的销售渠道与售后服务中心等，上下游的企业将互相促进、共同成长，构建产业发展的良性循环格局，实现民用无人机产业体系的协同化发展。同时，大型消费级无人机企业利用市场优势与技术积累进军工业级市场，工业级无人机企业也可利用专业优势生产满足大众市场需求的消费级无人机产品。相信未来通过无人机产业链上下游企业的共同协作创新，跨界融合发展，创新商业模式，可以形成跨产业、跨领域的产业形态，构建制造业与服务业深度融合的新型产业体系。

（七）消费产品个性化

消费市场的无人机资本将更多向视频、相机领域深入，以形成沉浸式航拍体验，让普通大众享受到更多的乐趣。消费级无人机企业要抓住市场需求与用户痛点，通过准确定位产品，改良升级技术，增强便携性、安全性、易操控性等，及赋予无人机更多的社交、媒体属性，开发出新的应用场景，推出个性化的消费产品，让消费者获得意料之外的使用体验，从而使得行业规模获得更大拓展。随着技术的进步和多种应用的开发，无人机研发或将以贴近生活、开放开源为立足之本，深层次地满足消费者的需求，在生活摄影、导航、看护、运动、比赛、教育、表演、婚庆、游戏乃至个性化社交等方面深化发展，未来大量用户和设备的聚集将形成空中飞行圈、空中竞技圈等社区，实现无人机实用性和文化性的双重飞跃。

（八）行业应用专业化

工业级无人机只有实现用途多领域、性能多样化发展，才能把潜在的需求变为现实的市场。无人机搭载不同设备之后可适用于多种作业环境，以满足不同要求，大大提高作业效率，省时省力，并能更好地完成目标任务。FAA（美国联邦航空管理局）批准的无人机商业用途高达2000多种，无人机发展趋势不可阻挡。随着人们对无人机应用价值认知程度的提高，无人机技术的不断创新必将改变众多行业的传统作业方式。

基于工业级无人机高效的作业能力与强大的功能，无人机企业将进一步推进传统行业变革，以实现产业更新升级。企业应加快民用无人机行业应用基础设施、服务保障体系建设，建立技术应用交流平台、新技术演示验证中心等，推进民用无人机在农林植保、物流快递、地理测绘、环境监测、电力巡线、安全巡查、森林防火、管道巡线、应急救援等行业领域的创新应用。推进人工智能在民用无人机领域融合应用，加快提高民用无人机娱乐性及智能作业水平，支持开发多样化衍生产品和服务。加快民用无人机租赁、保险、培训等生产性服务业发展。拓展民用无人机在文化、教育等领域应用。据预测，全球民用无人机的市场需求将以年均近30%的速度递增。

（九）技术创新常态化

企业应该与高校、科研机构等开展产学研用协同创新，围绕民用无人机动力系统、飞控系统等开展关键技术攻关，重点突破实时精准定位、动态场景感知与避让、面向复杂环境的自主飞行、群体作业等核心技术；开展小型化通用化载荷设备、高集成度专用芯片、长航时大载重/混合布局无人机研制。具体来说，技术创新主要包括以下几个方面。

一是高效能的动力源创新。无人机需要充足的动力源、更好的电池——改进后可延长滞空时间，高效的动力系统允许更大的有效载荷。研究人员正在努力通过探索一系列创新技术来满足这些需求，未来预期将有以下新技术。

太阳能电池板在飞行期间为电池充电；

允许更长飞行时间和更重载荷的氢燃料电池；

无线传输电力的激光器；

纳米管和气凝胶电池，其性能远远超过锂离子聚合物电池。

二是新材料技术创新。碳纤维增强聚合物等新材料与先进的制造技术（如熔融沉积成型和激光烧结）相结合，将使无人机更轻、更便宜，并且更容易制造。先进材料包括由菌丝细胞制成的生物可降解材料，这种材料类似于蜜蜂用以筑巢的材料。也有研究人员正在使用“Chemputer（化学计算机）”研究从化学品中“生长”出无人机。

三是新型传感器的技术创新。无人机制造商一直在努力改进各式各样的无人机传感器，包括可视摄像头，红外探测器，多光谱和高光谱传感器，光探测和测距传感器，惯性测量单元如陀螺仪和加速度计，以及测量电流、磁场和声压的传感器。这些传感器可以提供几乎所有光谱带的高分辨率数据，特别是红外光谱，并且能提供比飞机或卫星更精确的信息。未来，更小、更轻、更快、更便宜、更可靠、更准确、更灵敏的传感器将得以研制和生产。

（十）经营模式系统化

作为一个高风险、高损耗的行业，无人机行业应该有一套完善的经营模式。一台无人机，无论是消费级还是工业级，从无到有再到应用必然会经历很多环节，这些环节可能包括研究创造、产品测评、批量生产、销售、售后维保、“驾驶员”训练等，每一个环节既可以是一个“部门”也可以是一个“公司”。如此看来，无人机企业将改变单一的经营模式，使营收来源更加多元，减少风险，扩大营收规模；还可以通过维保和“驾驶员”训练获得一些常规性收入。

（十一）运营服务精准化

无人机行业不仅需要技术的创新，还要围绕行业应用市场的实际需求和用户的具体要求，积极探索商业模式创新来实施精准化的运营服务。随着民用无人机市场的升温，扩大而衍生出的无人机运营企业产业服务主要包括租赁服务、维修保养服务、培训服务、金融保险服务和大数据服务等。现在国内已有专业无人机航拍公司、无人机植保公司等，用户不用购置专业产品和训练飞手，可根据工作实际需求购买无人机服务来完成目标任务。工业级无人机售价高，若用户日常使用不频繁，可以通过租赁高质量、大规模、全系列的专业级无人机产品来解决问题。伴随着消费级市场的火热与工业级市场的拓展，无人机研发操作培训、维修保养服务与金融保险服务也拥有较大市场空间。无人机作为空中的数据端口，针对不同行业进行数据采集、传输和存储、提取，相关企业对这些数据进行分析和展现，可为用户提供更精确、更强大的数据流服务。

（十二）交互平台数字化

NASA（美国国家航空航天局）正在筹集数十亿美元的资金，用于开发无人机交通管理系统（UTM），这是一种能够安全协调有人驾驶和无人驾驶飞行器的无人机自动交通管理系统。FAA 测试一种自动化系统，该系统最终将为全国无人机运营商提供近乎实时的空域授权请求处理。

2018 年 4 月开始，美国低空授权和告知能力系统（LAANC）逐步部署在约 500 个机场的近 300 个空中交通设施中。该系统预计能大幅减少无人机飞行授权等待时间，并允许运营商快速规划其航班。空中交通管制员也可以看到计划中的无人机操作将在何处进行。

（十三）安全监管规范化

无人机飞行时对其他飞行物和地面人员可能构成安全威胁，可能会带来交通事故、抢占航线等问题，这已经引起政府部门与社会各界的强烈关注。

虽然现在我国无人机系统已经形成一定规模，有一定的技术储备和制造能力，但是民用无人机的飞行运营、适航管理、安全管理等还没有建立足够完善的标准规范和法规体系，在研发制造、销售使用、流转情况等方面尚无完善的制度安排，违规飞行现象时有出现，整体产业发展不够规范。我国政府相关部门应建立统一高效的多部门联动协调监管机制，协同确定无人机产业发展顶层规划，并通过立法明确民用无人机的法律属性、设定无人机生产标准与适航标准、加强民用无人机驾驶员管理培训力度、实施统一规范民用无人机的实名登记制度和销售流通备案登记制度、明确和统一民用无人机的申报使用流程、建设无人机监管信息云平台、规范行业市场准入退出制度等举措，从研发、制造、销售、运营等多方面系统进行全方位管理与全过程监管，明确无人机违法违规的行政责任、刑事责任，统一监管、统一追责，防止无人机失控影响公众安全和飞行安全，确保无人机合理、合法、合规使用，使我国民用无人机产业实现持续、安全、创新发展。

无人机应用篇

第二章　多旋翼无人机

【课前辅导】

本章主要讲解两个方面的内容。

1. 多旋翼无人机的基本概念、工作原理、分类、应用领域和特点与优势。
2. 多旋翼无人机的发展情况与未来发展趋势。

【教学目的】

通过本章学习，重点掌握以下知识点。

1. 多旋翼无人机的基本概念、工作原理。
2. 多旋翼无人机应用范围，尤其是最主要的应用领域。
3. 多旋翼无人机的特点与优势，与其他类型无人机的区别。
4. 多旋翼无人机发展情况，技术领域未来的发展趋势。

第一节　多旋翼无人机基本知识要点

近年来，随着现代控制理论与电子控制技术的发展，多旋翼无人机的研究逐渐被重视起来，多旋翼无人机已成为科技新领域。多旋翼无人机的应用领域越来越广，市场规模越来越大。多旋翼无人机的快速发展将为人们的生活带来便利，具有巨大的现实意义。

多旋翼无人机基本知识

一、什么是多旋翼无人机

多旋翼无人机是一种具有三个及以上旋翼轴的特殊的无人驾驶旋翼飞行器。它通过每个轴上的电动机转动，带动旋翼，从而产生升推力。旋翼的总距固定，而不像一般直升机那样可变。改变不同旋翼之间的相对转速，可以改变单轴推力的大小，从而控制飞行器的运行轨迹。

近年来，随着无人机市场的不断发展，多旋翼无人机以优良的操控性能和可垂直起降的方便性等优点迅速获得了广大消费群体的关注，成为热销的产品。

二、多旋翼无人机工作原理

根据牛顿第三定律，旋翼在旋转的同时，会向电机施加一个反作用力，促使电机向反方向旋转。这也是为什么现在的直升机都会带一个“小尾巴”，在水平方向施加一个力，去抵消这种反作用力，保持直升机机身的稳定。四旋翼飞行器的螺旋桨也会产生这样的力，所以为了避免其疯狂自旋，在这四个螺旋桨中，相邻的两个螺旋桨的旋转方向是相反的。

多旋翼无人机工作原理如图 2－1 所示，三角形箭头表示飞机的机头朝向，螺旋桨 M1、M3 的旋转方向为逆时针，螺旋桨 M2、M4 的旋转方向为顺时针。

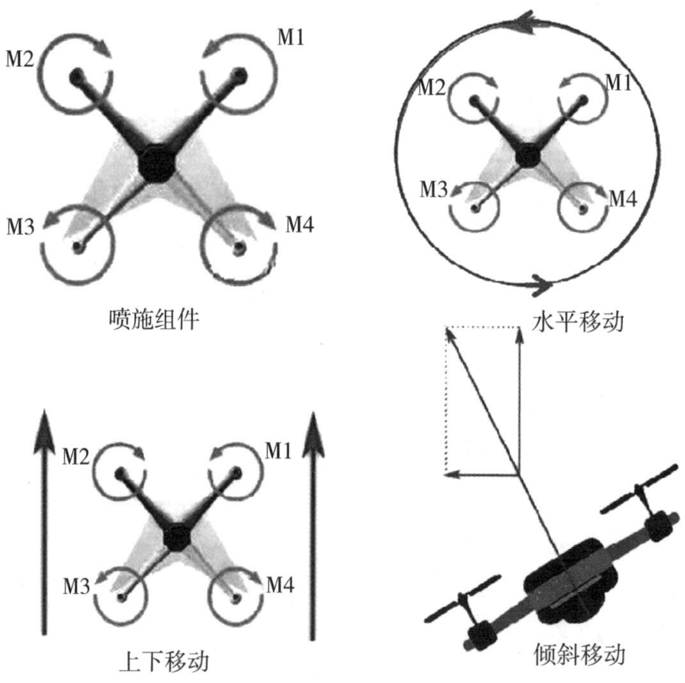

图 2－1　多旋翼无人机工作原理

当飞行时，M2、M4 所产生的逆时针反作用力和 M1、M3 产生的顺时针反作用力相抵消，机身就可以保持稳定，不会疯狂自转。

不仅如此，多旋翼无人机的前后左右移动或是旋转飞行也都是靠多个螺旋桨的转速控制来实现的。

（一）垂直升降

当无人机需要升高时，四个螺旋桨同时加速旋转，升力加大，无人机就会上升。当无人机需要降低时同理，四个螺旋桨会同时降低转速，无人机就下降了。

之所以强调同时，是因为保持多个旋翼转速的相对稳定，对保持飞行器机身姿态来说非常重要。

（二）原地旋转

当无人机各个螺旋桨转速相同，其反扭矩被抵消，不会发生转动。但当需要无人机原地旋转时，就可以利用这种反扭矩，M2、M4 两个顺时针旋转的螺旋桨转速升高，M1、M3 两个逆时针旋转的螺旋桨转速降低，由于反扭矩影响，无人机就会产生逆时针方向的旋转。

（三）水平移动

多轴无人机与人们平时乘坐的客机不同，没有类似客机那样垂直于地面的螺旋桨，所以无法直接产生水平方向上的力来进行水平方向移动。

譬如图 2－1 的多旋翼无人机，当需要按照三角箭头方向前进时，M3、M4 螺旋桨会提高转速，同时 M1、M2 螺旋桨降低转速，由于无人机后部的升力大于无人机前部，无人机的姿态会向前倾斜。

（四）倾斜

如图 2－1 中的无人机倾斜移动的侧面平视图所示，这时螺旋桨产生的升力除了在竖直方向上抵消重力外，还在水平方向上有一个分力，这个分力让无人机有了水平方向上的加速度，无人机也因此能向前飞行。

多旋翼无人机运动原理结构如图 2－2 所示。

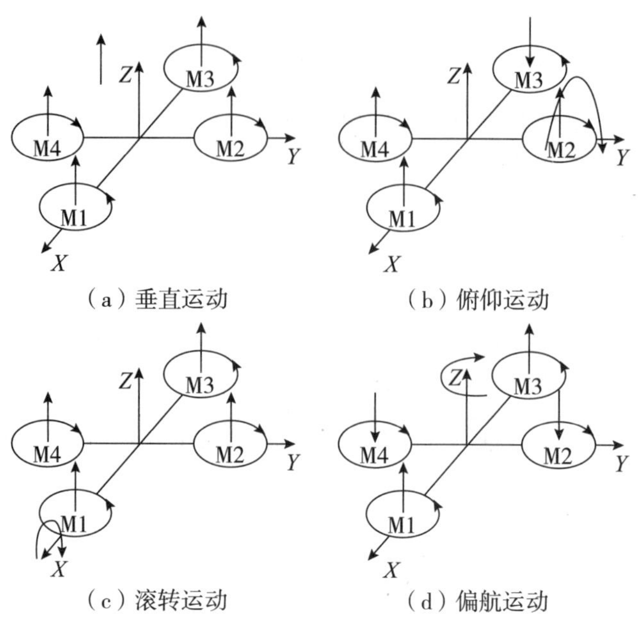

（a）垂直运动　（b）俯仰运动
（c）滚转运动　（d）偏航运动

图 2－2　多旋翼无人机运动原理结构

三、多旋翼无人机分类与对比分析

（一）多旋翼无人机分类

按轴数分为三轴、四轴、六轴、八轴甚至十八轴等。

按电机数量分为三旋翼、四旋翼、六旋翼和八旋翼等。

按旋翼布局分为 I 旋翼、V 旋翼和 Y 旋翼等。

轴与旋翼个数一般情况下是相同的，有时不同。譬如六轴十二旋翼是将六轴的每个轴上下各安装一个电机构成十二旋翼。

按动力系统，多旋翼无人机可分为电动多旋翼无人机、油动多旋翼无人机和油电混合多旋翼无人机。

按变距与变速，多旋翼无人机可分为变距多旋翼无人机和变速多旋翼无人机。变距多旋翼无人机的发动机转速恒定，通过调整螺旋桨的螺距改变升力，这一方式被称为变桨距方式。变速多旋翼无人机的螺旋桨螺距恒定，通过调整发动机转速改变升力，这一方式被称为调速方式。

多旋翼无人机类型与布局结构如图 2－3 所示。

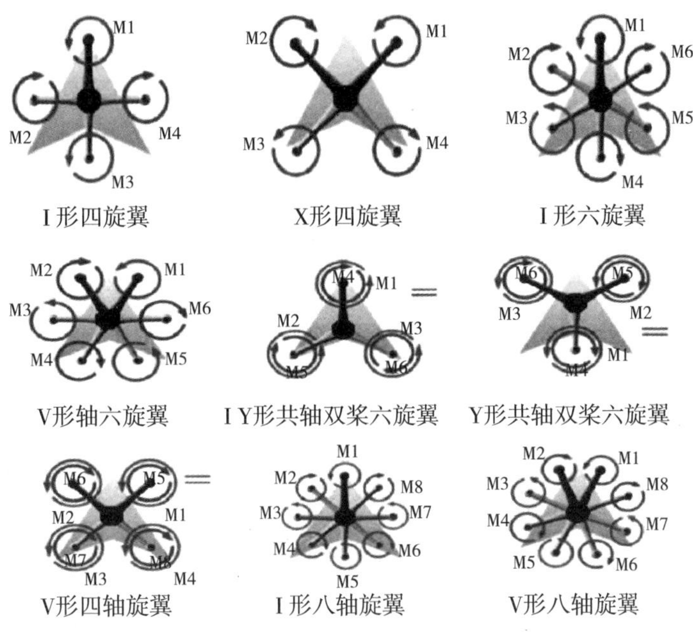

图2－3　多旋翼无人机类型与布局结构

（二）电动与油动多旋翼无人机对比

以植保无人机为例，电动多旋翼无人机与油动多旋翼无人机优缺点对比如表2－1所示。

表2－1　电动多旋翼无人机与油动多旋翼无人机对比

	电动植保无人机	油动植保无人机
优点	系统稳定性强，可靠性高	具有较强的抗风能力和续航能力
	日常维护简单，操作技巧易掌握，对操作人员的操作水平要求低	
	适应能力强，展开迅速，轻便灵活	
	高原性能优越，电动机输出功率不受含氧量影响	
	电池可充电后重复使用，成本低，震动小，成像质量好	

续 表

	电动植保无人机	油动植保无人机
缺点	抗风力弱（最高可抗 5 级风），续航能力弱（基于现有电池的能量密度，续航能力较弱）	使用复杂，不易操作，对操作人员的操作水平要求高
		稳定性差（发动机稳定性差，工艺复杂）
		环境场地适应能力差，高原性能不足
		震动大（发动机震动较大，影响成像质量，容易对传感器造成损伤）
		危险性大（油动多旋翼无人机系统较重）

（三）多旋翼无人机方案综合对比分析

变距与变速多旋翼无人机各有不同的特点。

变距多旋翼无人机的优点是响应速度快；缺点是需要复杂的机械结构来调整桨距，造价成本高，维护费用也高。变速多旋翼无人机的优点是机械结构简单，多采用多发调速直驱方式，无传动结构，发动机直接驱动螺旋桨，造价成本较低，维护费用低；缺点是响应速度较慢。

常见油动多旋翼无人机能源提供方式有纯油动和油电混合两种类型。纯油动按控制方式又可分为油动变距和油动变速：油动变距又可细分为单发传动和多发传动；常见的油动变速只有多发直驱类型。油电混合常见的只有调速控制方式一种，又可分为油发电和油加电两种。

1. 油动单发传动变距多旋翼无人机

采用一个发动机提供动力，通过复杂的传动结构将动力传到各旋翼并改变旋转方向。各旋翼转速相同，以调整螺旋桨螺距的方式改变升力以保持姿态平稳。

优点：发动机数量少，发动机的维护工作量小，响应速度快。

缺点：使发动机动力传输到各旋翼的机械结构复杂，各旋翼又需要独立的变距机械结构，导致整体机械结构非常复杂，机身整体重，制造成本高，机械维护难度大，总体维护费用高。

2. 油动多发传动变距多旋翼无人机

采用多个发动机提供动力，每个发动机带动一个旋翼，各发动机转速相同，以调整螺旋桨螺距的方式改变升力以保持姿态平稳。发动机和旋翼之间需要传动结构。可以使用正反转发动机，也可以只使用正转发动机，通过传动结构换向。

优点：传动结构简单，响应速度快。

缺点：发动机个数多，发动机维护工作量大。各旋翼又需要独立的传动结构和变距机械结构，机械结构较复杂，机身整体重，制造成本高，总体维护费用高。

3. 油加电多旋翼无人机

油加电多旋翼无人机一般以单个发动机带动主旋翼提供升力，多个电动旋翼调整姿态，需配备动力电池。旋翼直接固定在电机或发动机的转轴上，无传动结构。

优点：无须发电机，无传动结构，机身整体较轻，电机响应速度较快。

缺点：需要添加燃油和携带动力电池，补充能源不便捷。

多旋翼无人机方案综合对比如表 2－2 所示。

表 2－2　　多旋翼无人机方案综合对比

	油动变距		油动变速	油电混合	
	单发传动	多发传动	多发直驱	油发电	油加电
机械结构	非常复杂	较复杂	简单	简单	简单
机身重量	重	重	轻	重	轻
响应速度	快	快	慢	较快	较快
生产成本	高	高	高	较低	低
维护成本	高	高	低	低	低
载重比	较小	大	低	小	较小
油耗	低	低	高	低	高
尺寸	大	大	小	较大	较大

四、多旋翼无人机应用领域

随着科学技术的发展，从事高风险职业的人员可能会逐渐被智能设备所取代。无人机就是当前极重要的智能设备。尤其是多旋翼无人机，由于操控性强，可垂直起降悬停，其主要用于执行低空、低速、有垂直起降和悬停要求的任务。

多旋翼无人机较多应用于航拍和测绘等空中影像采集领域。另外多旋翼无人机可以代替人完成一些在强辐射、高低温、高空、有毒等危险环境中的工作，能极大提高工作效率，减少人员伤亡。多旋翼无人机受地形影响较小，还可在复杂的环境中飞行，到一些人员不容易到达的地方，可以进行灾后搜索、救援等任务。

因此，多旋翼无人机广泛用于航拍、农业、电力、交通、救生医疗、环保等领域。

（一）航拍领域

利用多旋翼无人机搭载相机设备（可见光相机/红外光相机），并配备图像传输系统，这一类“可飞行的相机”已被广泛应用于影视航拍。这类无人机叫航拍无人机。

（二）农业领域

利用多旋翼无人机替代人进行农药喷洒、水稻长势检测、农林植物病虫害检测与预警，以及植被变迁、土壤盐渍化、土地荒漠化等方面研究。这类无人机叫植保无人机。

（三）电力领域

多旋翼无人机不受地理条件、环境条件和恶劣天气影响，特别适合在复杂环境中执行任务，譬如在偏僻山区、雨天或雪天对电力线路进行巡检，有利于加大重点地区的特巡力度，增加大负荷运行下设备检测次数。这类无人机叫电力巡检无人机。

（四）交通领域

交警在执法过程中可使用多旋翼无人机，用于抓拍违法行为。多旋翼无人机能对监控盲区的违法行为进行补充抓拍，在交通拥堵的情况下，多旋翼无人机可率先赶到现场勘察，通过图传功能将交通状况传回指挥中心，便于远程指挥疏导。

（五）救生医疗领域

当发生洪水时，多旋翼无人机可携带救生绳或救生圈，将其投放到需要者身边。当有人在登山过程中突发疾病，多旋翼无人机可携带急救药品飞到患者身边等。

（六）环保领域

多旋翼无人机可用来观测空气、土壤、植被和水质状况，也可实时跟踪分析突发环境污染事件的情况；监测企业的废气与废水排放情况，寻找污染源等。

多旋翼无人机特点与优缺点

一、多旋翼无人机的特点

多旋翼无人机具有体积小、成本低、飞行灵活、操作简单等特点，与固定翼无人机相比，它具有可以垂直起降、可以定点盘旋的优点；与单旋翼无人直升机相比，它没有尾桨装置，因此具有机械结构简单、安全性高、使用成本低等优点。

多旋翼无人机的诸多优点使它在无人机 B 端（企业用户商家）市场的前景被看好，但面临着许多的问题。在电力巡航、物流运输、消防、植保等领域，电动多旋翼无人机的载重不大及续航时间不长成为制约其发展的重要因素。此时，燃油动力多旋翼无人机凭借大载重与长航时的优点为 B 端市场带来曙光。

二、多旋翼无人机优缺点

（一）多旋翼无人机主要优点

多旋翼无人机的最大优点是安全，可以说旋翼飞机这种结构是所有飞行器结构中最安全的。多旋翼无人机的起降要求很低，有条几十米的跑道就够了。多旋翼无人机操作简单，一个人只需要学习半天左右就基本可以独立操作。多旋翼无人机主要作为商用无人机使用。

（二）多旋翼无人机主要缺点

速度慢，多旋翼无人机比无人直升机稍快，与固定翼无人机相比速度差距较大，因此在需要快速运输且没有特别要求的场合，多使用普通固定翼无人机。虽然多旋翼无人机比无人直升机略快，安全性更高，但其灵活性比无人直升机差太多。多旋翼无人机的机动性远逊于无人直升机，不能悬停，更不能倒飞。无人直升机可以垂直起降，多旋翼无人机也有可以垂直起降的型号，但是一旦加了垂直起降功能，多旋翼无人机结构会更复杂，安全性和操纵简单的优势就不复存在。

第二节　多旋翼无人机设计思路

从飞行力学来看，多旋翼无人机是靠螺旋桨转速的变化，来调整力和力矩，从而实现飞行运动控制的。对桨叶来说，桨叶尺寸越大，越难迅速改变其速度，因此，直升机主要是靠改变桨距而不是速度来改变升力。在大载重下，桨叶的刚柔程度需要进一步优化。不可变距的桨叶上下震动会导致刚性大的桨叶折断，桨叶的柔性非常重要，它可以减少桨叶来回旋转对桨叶根部的影响。因此，大载重多旋翼无人机的大桨叶比较少见。在消费级无人机领域，四旋翼无人机居多，主要是因为其体积小、效率高。在工业级无人机领域，六旋翼、八旋翼无人机则比较常见。

多旋翼无人机总体参数设计如下。

（一）起飞重量

起飞时，多旋翼无人机必须能产生大于本身重力的升力，才能离开地面升空。由于多旋翼无人机只能产生有限的升力，多旋翼无人机本身的总重必须受到限制，以保证其能够正常离地起飞，总重即机体结构重量和航电设备重量的总和。

（二）有效载荷

有效载荷是指多旋翼无人机上装载的，直接实现机体运行要完成的特定任务的仪器、设备等，有效载荷尺寸的大小直接影响多旋翼无人机的机体总体尺寸，有效载荷有摄像头、吊舱等。

（三）轴距

多旋翼无人机多采用均匀分布式位置分配方式，对称位置上电机轴距是影响多旋翼无人机总体尺寸的重要因素，在总体参数设计时需要考虑轴距计算是否合理。多旋翼无人机对称电机轴距（l）经验公式如下：

$$l = 2.70 \times \frac{a \times b}{\sqrt{2} \times e}$$

式中，a 为螺旋桨尺寸，单位为 in；b 为换算单位，1in = 25.4mm；e 为电机系数（根据电机 KV 值选取经验值）。

（四）桨尖距离

支臂相邻的两副螺旋桨之间的气动干扰是影响多旋翼无人机稳定飞行的原因之一。正对着自由来流的两副螺旋桨彼此之间气动干扰最剧烈，应计算其相互之间的气动干扰。桨尖距离评估，可以得出相邻螺旋桨最佳的桨尖距离，以六旋翼无人机为例评估，最佳相邻螺旋桨桨尖距离为 0.2R（R 为旋翼半径）。

（五）重心位置

在设计时，必须将重心设计到多旋翼无人机的中心轴上。有以下两种重心布置方式。其一，如果多旋翼无人机重心在桨盘平面下方，在前飞状态下，诱导的来流会产生平行于桨盘平面的阻力。阻力形成的力矩会促使多旋翼无人机俯仰角减小，表现为控制迟钝。其二，在前飞状态下，若多旋翼无人机重心在桨盘平面上，那么阻力形成的力矩会促使多旋翼无人机俯仰角比较发散，其表现为控制灵敏、机动性高。

在结构上，重心向下和重心向上，都会引起额外的阻力力矩，造成多旋翼无人机的不稳定。这样就需要通过反馈控制来调节多旋翼无人机的平衡。如果重心在桨盘平面很靠上的位置，会使多旋翼无人机某个运动模态很不稳定。因此，实际中建议将重心靠近多旋翼无人机的中心，或者根据需求稍微靠下，这样控制起来更容易些。

四旋翼无人机结构如图 2－4 所示。

（六）飞行时间

根据相似机型飞行经验，多旋翼无人机在 x（kg）起飞重量下正常飞行所需功率为 P（W），然后根据所选动力系统的电池组估算飞行时间。例如：2

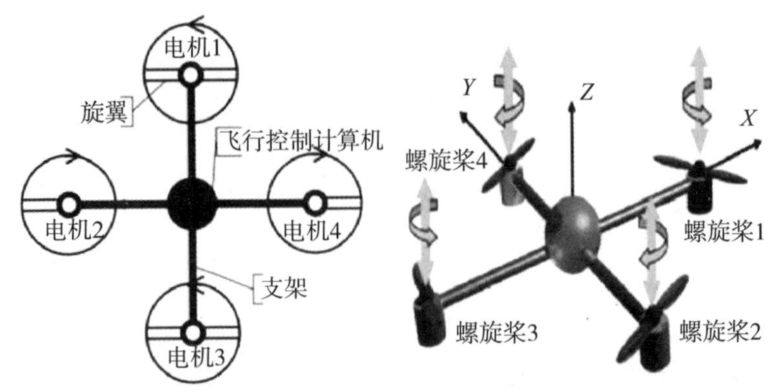

图 2-4　四旋翼无人机结构

块 6S（6S 代表锂电池节数为 6，每节电池电压为 4.2V），22000mAh 的电池所能产生的最大功为 2×6×4.2（V）×22（Ah）=1108.8Wh，多旋翼无人机飞行中，电池一般留有 30% 的余量，电池所能释放的有效功（P_e）为 1108.8×0.7=776.16Wh。有效飞行时间（min）公式为：

$$t_{\max} = \frac{P_e}{60P}$$

多旋翼无人机系统选型设计

一、螺旋桨

螺旋桨是产生升力的关键部件，电机、电调和螺旋桨叶片合理搭配与设计，可以在产生相同的升力下消耗更少的电量，这样就能延长多旋翼无人机的续航时间。选择最优的螺旋桨是延长续航时间的一条捷径。

（一）型号

假设螺旋桨在一种不能流动的介质中旋转，那么螺旋桨每转一圈，就会向前进一个距离，称为桨距（螺距）。通常，桨叶的角度越大，桨距也越大，角度与旋转平面角度为 0，桨距也为 0。螺旋桨一般用 4 个数字表示，其中前面 2 位是螺旋桨的直径，后面 2 位是螺旋桨的桨距。比如：1045 桨的直径为 10 英寸，而桨距为 4.5 英寸。

（二）桨叶数

对于多旋翼无人机而言，二叶桨的性能最优。

（三）安全转速

多旋翼无人机所使用的螺旋桨都具有一定柔性，超过一定转速后，螺旋桨就会发生形变，效率也因此降低。计算安全转速，要保证在所有可能工况下螺旋桨转速不超过最高允许转速。

二、动力系统的选型设计

（一）无刷电机

一方面，需要考虑的是多旋翼无人机的整机重量，需要根据整机重量选择电机的最大拉力（需要匹配螺旋桨）。整机重量所产生的重力最好不超过电机拉力的五分之二（电机最大拉力要大于整机重力的2.5倍），因为多旋翼无人机除了上升的动作外，还需要完成前进后退、左右横滚等动作，并且在有风的环境中需要克服阻力。

另一方面，需要关注的是电机的*KV*值，*KV*值是每1V电压下电机每分钟空转转速变化率。相同功率的电机，*KV*值越高，单位电压下转速变化越快，这意味着可实现更快的反应速度；*KV*值越低，单位电压下转速变化越慢，能输出更大的扭矩。相同功率的电机，选择高*KV*值的型号能够实现更灵敏反应，只能带小桨。

（二）电调

无刷电机由于取消了碳刷结构，需要能替代碳刷功能的部件，这个部件就是电调，电调负责将直流电转换为三相电，并根据需要控制其电压电流大小，从而驱动无刷电机实现需要的转速输出。在确定电机型号后，再根据电机的最大电流，选择合适的电调。具体来说，电调的输出电流必须大于电机的最大电流，而且越大越好。例如，所选择的电机带桨的最大负载电流是50A，那么电调的最大电流必须是60A，或者80A，电调电流越大，电机越不容易烧毁。无刷电调如图2－5所示。

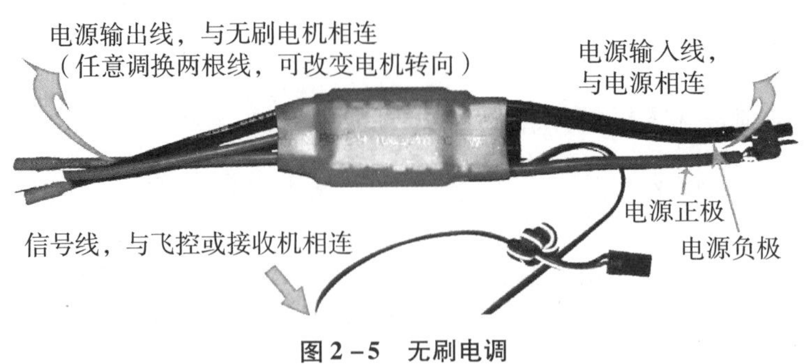

图 2-5 无刷电调

（三）电池

多旋翼无人机电池通常是指锂电池，电池储存的能量单位为 Wh（瓦时），能量（Wh）=电压（V）×电池容量（Ah）。例如，标识为 3.7V/22000mAh 的 6S 电池，其能量为 488.4Wh。把 2 块这样的电池串联，就组成了一个电压是 44.4V，容量为 22000mAh 的电池组，虽然没有提高电池容量，但总能量变为了单一 6S 电池的 2 倍。

放电倍率（C）是指在规定时间内放出额定容量（Q）时所需要的电流值，它在数值上等于电池额定容量的倍数。放电倍率决定了电池的放电电流，例如，对于容量为 24Ah，放电倍率 $5C$ 的电池，它的放电电流就是 120A。如果放电倍率为 $2C$，0.5 小时放电完毕；用 12A 电流充电，如果充电倍率为 $0.5C$，2 小时充电完毕。

电池主要参数——电压、容量、放电倍率，以此来确定放电持续电流，例如：3S（11.1V），4200mAh，$30C$ 的电池，放电持续电流为 30×4.2=126A。

电池接线结构如图 2-6 所示。

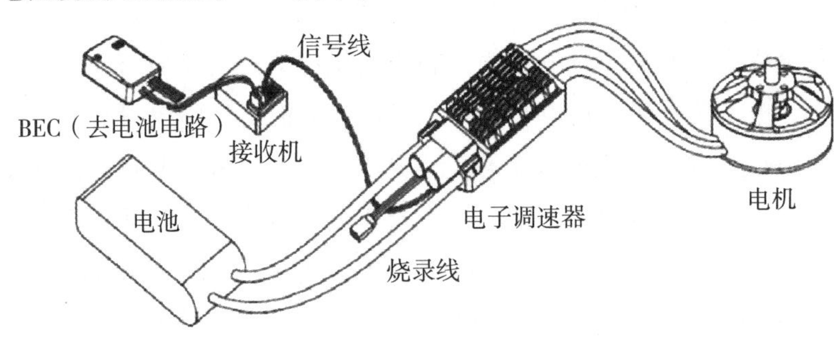

图 2-6 电池接线结构

（四）综合选型

在配对选型时，一方面，电池持续输出电流要大于电调最大持续电流，按上述电池（3S 电池），电调就可以选择 80A 或者 100A；另一方面，电池电压要小于电调最高承载电压。电机工作电压由电调决定，而电调电压由电池输出决定，所以电池的电压要小于电机的最大电压，而且，电机能承受的最大电压要大于电调最大电压。

三、工业设计

通常，采用集成化产品设计思路，对多旋翼无人机的造型进行符合产品特点的设计，产品造型线条丰富多变，曲面与平面运用与融合具有创新性与艺术性。设计时应融入公司特色，使整体风格统一，确定整体外观配色方案，提高产品的市场价值。最后完成外观模型以及概念设计原型的制作。

四、结构设计

根据总体参数和外观设计要求，从产品加工角度和空气动力学角度评估外观造型的结构合理性，要评估和控制多旋翼无人机结构总体重量，为总体参数反复论证提供依据，要对所选的器件进行合理布置与设计，最后，要根据多旋翼无人机的结构功能需求详细设计结构。主要从以下几方面入手。

（1）多旋翼无人机本体结构强度设计，在满足多旋翼无人机各种运动工况的情况下，应使结构设计轻量化。

（2）在不影响外观的创新性的情况下，尽量设计合理的零部件，满足需求，降低结构工艺水平，从而合理降低成本。

（3）功能性设计，满足多旋翼无人机结构动力学设计要求，分析运动部件的可靠性等。

（4）内部电气结构及走线设计，满足电气结构的三防、电磁兼容等可靠性设计要求。

（5）减震设计，在多旋翼无人机上，对于震动特别敏感的传感器，需要做减震处理，否则会影响到整机的控制精度。

多旋翼无人机技术框架

一、多旋翼无人机组件构成

多旋翼无人机主要由传感器、导航系统、控制系统、动力系统、故障诊断系统、决策及规划系统组成。

（一）传感器

传感器是多旋翼无人机感知系统的重要组成部分，良好的传感器数据为导航系统提供了扎实的数据基础。

（二）导航系统

导航系统结合不同的传感器数据，使用最优估计算法进行多旋翼无人机的状态参量计算，如计算飞行器的姿态角、速度、位置等。一个良好的最优估计算法能够为控制系统、故障诊断系统、决策及规划系统提供准确的反馈数据。

（三）控制系统

控制系统是保障多旋翼无人机飞行稳定的核心系统，主要由基于反馈的控制算法组成。

（四）动力系统

动力系统主要由电池、电机、电调及桨叶组成，该系统为多旋翼无人机提供升力，也是一个完整的反馈控制系统。其中，电调通过对电机的电流、电压采样形成反馈控制规律，控制电机达到预期转速，为多旋翼无人机提供合适的升力。

（五）故障诊断系统

故障诊断系统根据导航系统、控制系统的中间参量进行诊断，实时地给出子系统运行健康状况反馈，如多旋翼无人机的某一组桨叶出现破损，导致飞行器升力不足，此时故障诊断系统会迅速诊断出该故障，并提示控制系统切换对应的故障预案，以保证飞行安全。

（六）决策及规划系统

决策及规划系统负责实现“业务级”的决策，如无人机的避障与路径规划、电量不足与传感器异常时的紧急预案等。决策及规划系统的优劣决定了无人机系统的智能化程度以及能力的大小。

二、多旋翼无人机技术架构

多旋翼无人机技术架构如图 2－7 所示。

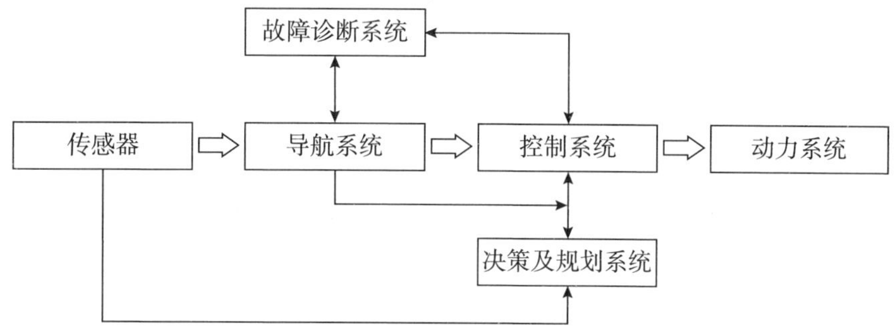

图 2－7　多旋翼无人机技术架构

（一）传感器与导航系统

传感器与导航系统共同组成了“感知与状态估计”子模块，它是多旋翼无人机的“眼睛”。

在该模块中，首先对传感器原始数据进行分析，根据其特性设计对应的滤波器。部分传感器需要根据安装位置及其偏置量进行校准，如加速度计、陀螺仪以及磁力计等。

在得到精度较高的传感器数据后，需要设计对应的融合算法，构成组合导航系统，用于解算飞行器的各状态量，如姿态角、速度、位置等。

（二）控制系统与动力系统

控制系统与动力系统则是多旋翼无人机的“手足”。多旋翼无人机属于静不稳定系统，脱离了控制系统，其自身不具备稳定飞行的能力，这点与固定翼飞行器有非常大的区别。因此，需要先对多旋翼无人机进行数学建模，然后得到其控制分配关系的表达式。该表达式描述了多旋翼无人机的横滚、俯仰、航向以及油门通道之间的耦合关系，只有准确解析出该表达式，才能够在各种飞行状态下，发挥每个电机的“最大潜能”。

（三）故障诊断系统

故障诊断系统是多旋翼无人机的“医生”。其综合了传感器数据、导航系统数据以及控制系统数据，对各子模块进行实时运行状态评估。它就如“医生”一般，当系统出现故障甚至是故障的前兆时，故障诊断系统能够及时或提前告知各子模块，这样各子模块能够及时调整算法策略，以适应不同的飞行状况。

（四）决策及规划系统

决策及规划系统犹如多旋翼无人机的“大脑”，有了它多旋翼无人机才能够称为“空中机器人”。

它掌握着多旋翼无人机的任务执行策略以及飞行路径。当多旋翼无人机同时执行多种飞行任务时，也需要决策及规划系统根据任务的优先级以及资源调度的情况进行实时调整，以最高效的方式完成飞行任务。

多旋翼无人机的技术构成十分复杂，其涉及的领域广泛，较为接近机器人的范畴。当前多旋翼无人机领域依然处于基础技术高速发展的阶段，许多关键技术有待突破。

三、多旋翼无人机主流技术浅析

从技术层面看，当前多旋翼无人机的主流技术如下。

数字信号处理算法技术；

传感器数据融合及组合导航算法技术；

姿态与速度控制算法技术；

故障诊断技术；

路径规划技术；

容错控制技术。

其中数字信号处理算法技术、传感器数据融合及组合导航算法技术、姿态与速度控制算法技术影响多旋翼无人机稳定飞行，故障诊断技术、路径规划技术、容错控制技术提高了无人机的容错能力以及智能化程度。

目前多旋翼无人机发展面临以下几个问题。

（1）使用环境复杂，使用者操作水平参差不齐导致坠机率偏高。

（2）飞行时间较短，载重与续航时间存在不可调和的矛盾。

（3）携带便利性较差，使用频率大幅度降低。

（4）智能化程度较低，无法在复杂环境脱离人工操作独立执行任务。

（5）成本居高不下。

因以上问题，目前行业级多旋翼无人机发展相对缓慢。行业级多旋翼无人机的用户对多旋翼无人机稳定性要求高，且飞行环境不确定性强，当前多旋翼无人机在执行任务的过程中存在一定的坠机率，这使得行业级用户对于多旋翼无人机的使用存在顾虑。

对行业级多旋翼无人机市场需求的挖掘还不够充分，没有统一的飞行平台去满足不同行业用户的需求，导致了行业级用户对于多旋翼无人机的使用欲望并不强烈。

针对这一现状，行业级多旋翼无人机未来需要在安全性、操纵性、容错性以及智能化上进行大量探索和研究，通过组合多种传感器等方式提升组合导航系统的可靠性，增加多旋翼无人机在复杂使用环境时的鲁棒性，降低坠机概率，同时优化用户操作逻辑，降低多旋翼无人机对操作者的要求，提升用户体验。

对于飞行器自身的子模块添加故障诊断系统，在子模块故障时，及时切换算法策略，优先保障飞行安全，通过增加激光雷达/毫米波雷达等传感器，提升多旋翼无人机的感知水平，使其具备全自主飞行的能力，满足更普遍的行业级用户需求。

第三节　多旋翼无人机发展情况与未来发展趋势

早在 1907 年人们就研制出了世界第一架多旋翼飞行器，但受技术等多方面的影响，直到 1956 年人们才真正设计出第一架四旋翼飞行器并试飞成功。20 世纪 90 年代之后，随着 MEMS（微机电系统）研究的成熟，科学家关注到多旋翼无人机的应用和发展。2005 年左右，德国生产出了 MD4-200，成了多旋翼无人机走向实际应用的里程碑。随着科学技术的不断发展和进步，多旋翼无人机应用越来越广泛。

多旋翼无人机发展情况

无人机应用逐渐成熟，各类型无人机在各个领域逐步普及，但多旋翼无人机在无人机中发展比较迟缓。

一、国外多旋翼无人机发展情况

多旋翼无人机的研究在很早就已经开始。1903 年，美国莱特兄弟发明了世界上第一架载人动力飞行器，揭开了近代航空发展史的序幕。1907 年世界上第一架多旋翼飞行器“Gyroplane1”成功离开地面，虽然该多旋翼飞行器尚未具备当今这些高端的传感器设备，也未能如想象中那样自由飞翔，但这是飞行器历史上的一个伟大的突破，多旋翼飞行器的概念从此建立。但由于结构复杂、操作困难等原因，大型多旋翼无人机的发展一直都很缓慢。

1956 年，M. K. Adman 设计的第一架真正的四旋翼飞行器 Convertawings Model“A”试飞取得成功。它重达 1 吨，依靠两个发动机实现悬停和机动，对飞机的控制不再需要垂直于主旋翼的螺旋桨，而是通过改变主旋翼的推力来实现。由于它操作困难，且在速度、载重量、飞行范围、续航性等方面无法与传统的飞行器竞争，人们对此失去了进一步研究的兴趣，该研究被迫停止。

直到 2005 年左右，德国生产出了 MD4-200，这是第一架能够实现自主悬停并且具备半自助飞行功能的多旋翼无人机。

伴随着美国苹果公司在 iPhone 上大量应用加速计、陀螺仪、地磁传感器等，MEMS 惯性传感器开始大规模兴起，六轴、九轴的惯性传感器也逐渐取代了单个传感器，成本和功耗进一步降低。

近年来移动终端同样促进了锂电池、高像素摄像头性能的急剧提升和成本下降，这些都促进了多旋翼无人机更进一步发展。

多旋翼无人机具有众多优点和广泛的应用前景，对广大科研人员有着极大的吸引力，已经成为新的研究热点。在欧美一些发达国家，小型、超小型无人机研究领域中，多旋翼无人机已逐步取代无人直升机，成为旋翼无人机的主流方向。

二、国内多旋翼无人机发展情况及历程

（一）国内多旋翼无人机发展情况

国内在多旋翼无人机研究领域比较有代表性的高校有哈尔滨工业大学、南京航空航天大学、北京航空航天大学等。此外，位于深圳市的大疆创新是全球著名的民用多旋翼无人机研发和生产商。大疆创新的多旋翼无人机配备高清摄像机，可用于航拍，飞行稳定、操作简单，深受各行各业消费者的喜爱。

大疆创新于 2012 年年初推出精灵 Phantom 一体机，可以说彻底改变了多旋翼无人机市场。以往的多旋翼无人机因为操作难度的原因被定义为航模，使用群体也局限在航模爱好者和科技爱好者中。精灵 Phantom 一体机不仅控制简便，容易上手，同时价格能被普通消费者接受。因此精灵 Phantom 一体机一经推出便迅速获得大量好评。

进入 2015 年，伴随着多旋翼无人机的销量迅速增加，多旋翼无人机逐步进入普通民众的视野。国内企业对多旋翼无人机的研发投入也在迅速增加，适应各种应用的多旋翼无人机被陆续开发出来，目前，多旋翼无人机已经广泛应用在航拍、农业植保、电力巡线等领域。

（二）国内多旋翼无人机发展历程

国内多旋翼无人机快速发展和规模性成长，自 2009 年以来主要经历了四个发展阶段。

1. 第一代多旋翼无人机发展阶段（2009—2012 年）

2009—2012 年，第一代多旋翼无人机以飞控系统为核心，外挂小型运动相机和模拟图像传输设备，通过无线电遥控器操控，可进行初级的短距离飞行和视频录制。因此第一代多旋翼无人机也被称为近距离航拍无人机。

在此期间，大疆创新推出了 Wookong - M 和 NAZA - M 飞控系统，广州极飞科技股份有限公司（简称极飞科技）推出了 Super X 飞控系统。这些飞控系统具备姿态增稳的飞行控制功能，通过 GPS 系统实现户外定位悬停和自主返航。

飞控系统、外挂相机和模拟图传是第一代多旋翼无人机的典型特征。

代表机型为 F450 四旋翼航拍无人机。

2. 第二代多旋翼无人机发展阶段（2013—2014 年）

在以飞控系统为核心的基础上，采用无刷电动机驱动云台、高清广角相机和 Wi－Fi 数字图传这三大核心技术，开发了第二代多旋翼无人机，第二代多旋翼无人机也称为远距离高画质航拍无人机。

无刷电动机驱动云台、高清广角相机、Wi－Fi 数字图传、一体化设计成为第二代多旋翼无人机的典型特征。

3. 第三代多旋翼无人机发展阶段（2014—2015 年）

2014 年为第二代多旋翼无人机与第三代多旋翼无人机的转折期或过渡期。进入 2015 年，我国第三代多旋翼无人机加速发展。

第三代多旋翼无人机最大的特点就是在第二代多旋翼无人机核心基础上，发展了全高清图传、4K 相机和初级视觉悬停辅助系统三大核心技术，并增加如 GPS 跟随等辅助功能。因此，第三代多旋翼无人机也称全高清航拍无人机。

全高清图传、初级视觉悬停辅助、自带 4K 相机是第三代多旋翼无人机的典型特征。

4. 第四代多旋翼无人机发展阶段（2016 年至今）

2016 年，随着智能硬件技术的快速发展，以第三代多旋翼无人机核心技术为基础，具备环境感知、视觉跟随、自主避障和精确视觉悬停辅助系统等核心技术的消费类航拍无人机，引领行业进入第四代多旋翼无人机发展阶段。

大疆创新于 2016 年推出精灵 Phantom4 无人机，是公司首款第四代智能视觉航拍无人机。其前视双摄像头具备障碍物感知功能，基于图像识别的视觉跟随功能让其可实时自主避障。视觉悬停辅助系统组成和处理性能进一步提升，由单一超声波和光流传感器扩展至双超声波加双光流传感器的系统，悬停精度、响应速度和环境抗干扰能力大大提升，降低了无 GPS 飞行时的安全风险。

精确视觉悬停辅助、环境感知与避障、视觉跟随是第四代多旋翼无人机的典型特征。

多旋翼无人机未来发展趋势

在技术层面，多旋翼无人机逐渐向智能化、集成化方向发展，未来的多旋翼无人机飞行动力及能源问题将会得到解决，利用燃料电池、太阳能电池等或油动发动机，其续航时间将会大大增加；飞控系统将是一个集成了导航、通信、自动控制功能的飞行芯片，能运用更高级的控制算法，实现多旋翼无人机在复杂环境下的自动决策和自主控制，微型多旋翼无人机将得到广泛应用。在整机发展层面，油动多旋翼无人机的发展主要在于两方面的突破，分别是发动机和旋翼。

（一）发动机

电喷发动机：电喷发动机是采用电子控制装置，取代传统的机械系统（如化油器）来控制发动机的供油过程。电喷发动机具有省油、可靠性高、响应速度快及环境适应力强等优点。

启发一体化：目前市场上的发动机使用的电机有直流电动机和带有调节器的交流发电机，分属启动系统和充电系统，分别固定在发动机机体上，安装布置不方便，所需空间大，零部件多，故障率高，缺乏有效的监控器，发电效率不高，不能随机械需求快速调节。启发一体化就是启动系统和充电系统一体化，启动电机可作为发电机使用，具备发电功能。启发一体化可以降低成本，减轻机体重量，提升使用便捷性。

（二）旋翼

在旋翼机发展上，考虑将固定翼与多旋翼相结合，从而得出更好的解决方案。

复合翼就是采用固定翼结合多旋翼的布局形式，兼具多旋翼无人机可垂直起降、无须借助跑道滑行起飞的优点，以及固定翼无人机航时长、速度高、飞行距离远的特点，有效提升效率。

第三章　植保无人机

【课前辅导】

本章主要讲解两个方面的内容。

1. 植保无人机的基本概念、分类、应用范围和优势。
2. 植保无人机的发展现状与未来发展趋势。

【教学目的】

通过本章学习，重点掌握以下知识点。

1. 植保无人机的基本概念和分类。
2. 植保无人机应用范围，主要的应用领域。
3. 植保无人机的优势。
4. 植保无人机市场现状。
5. 植保无人机未来发展趋势。

第一节　植保无人机基本知识要点

植保无人机基本知识

一、什么是植保无人机

植保无人机（又名植保无人飞行器）是用于农林植物保护作业的无人驾驶飞机，该类型无人机由飞行平台、导航飞控、喷洒（播撒）机构三部分组成，通过地面遥控或导航飞控，来实现农业作业，可以喷洒药剂、播撒种子等。

二、植保无人机分类

（一）按动力系统分类

植保无人机分为油动植保无人机、电动植保无人机、油电混合型植保无人机。

在植保无人机中，油动植保无人机与电动植保无人机存在较大的差异，它们各自的优缺点如表3－1所示。

表3－1　　油动植保无人机与电动植保无人机对比

<table>
<tr><th></th><th>油动植保无人机</th><th>电动植保无人机</th></tr>
<tr><td rowspan="4">优点</td><td>载荷大，15～120L均可</td><td>环保，无废气，不造成农田污染</td></tr>
<tr><td>航时长，单架次作业范围大</td><td>易于操作和维护，一般学习7天就可操作自如</td></tr>
<tr><td rowspan="2">燃料易于获得，采用汽油混合物做燃料</td><td>售价低，一般在10万～18万元，普及化程度高</td></tr>
<tr><td>电机寿命可达上万小时</td></tr>
<tr><td rowspan="4">缺点</td><td>由于燃料是汽油和机油混合物，不完全燃烧的废油会喷洒到农作物上，造成农作物污染</td><td>载荷小，载荷范围5～15L</td></tr>
<tr><td>售价高，大功率油动植保无人机一般售价在30万～200万元</td><td>航时短、单架次作业时间一般为4～10分钟，作业面积10～20亩/架次</td></tr>
<tr><td>整体维护较难，因采用汽油机提供动力，其故障率高于电动植保无人机</td><td rowspan="2">采用锂电池作为动力电源，外场作业需要配置发电机，以及时为电池充电</td></tr>
<tr><td>发动机磨损大，寿命300～500小时</td></tr>
</table>

注：表中的载荷指载药量（容积）。

（二）按机型结构分类

植保无人机分为固定翼植保无人机、单旋翼植保无人机、多旋翼植保无人机。

植保无人机分类如表3－2所示。

表 3－2　　植保无人机分类

分类依据	种类名称	结构特点	备注
动力系统	油动植保无人机	具有较强的抗风能力，载重比较大。但操作不易掌控，对驾驶员的操作能力要求高，震动也比较大，控制精准度比较低	售价一般在 20 万元以上，价格优势不太明显
	电动植保无人机	日常维护比较简单，容易掌握，对驾驶员的操作水平要求不高；电池可重复使用，比较低碳环保。但抗风能力比较弱，续航能力需再提升	售价一般在 10 万 ~18 万元
	油电混合型植保无人机	油动植保无人机和电动植保无人机的结合版，规避前两者的劣势，同时具备前两者的优点	是植保无人机未来发展的方向，也是植保无人机生产商研究的方向
机型结构	固定翼植保无人机	机体模块化，具备简易、安全的起降系统，可按照多种模式自动执行飞行植保任务。需要提高环境适应能力，对驾驶员的要求比较高。航时更长、速度更快，飞行效率高，一旦失去动力还有一定机会靠滑翔降低下降速度，减少坠机损失	需要专门的开阔地用于起飞降落，并且无法实现悬停
	单旋翼植保无人机	企业初入农业植保市场的尝试性选择，局限性比较大，虽然抗风性比较强、植保雾化效果比较好，但是价格高，回报周期过长；驾驶员培训难，风险高；故障多，售后及维护成本高	驾驶员正常培训需要 2 ~ 3 个月
	多旋翼植保无人机	采用模块化设计，使用与维护极其方便。具有整体尺寸小、重量轻、效率高等优点	以锂电池提供动力，平均每组可连续工作 15 分钟，两个架次，喷幅宽度和飞行高度可自由调整

三、植保无人机应用范围

随着播撒机的使用普及，播撒应用成为植保无人机应用的主要组成部分，应用范围主要包括水稻撒肥与撒种、油菜籽播撒、草原种子播撒、鱼虾塘饲料播撒。一定意义上，植保无人机的应用范畴已转变，植保无人机已变为农业专用无人机。

植保无人机的优势

与传统植保作业相比，无人机植保作业具有精准、高效、环保、智能、操作简单等特点。植保无人机体积小、重量轻、运输方便、飞行操控灵活，对于不同的地块、作物均具有良好的适用性，其主要优势体现在以下几点。

（一）高效安全

农用无人直升机飞行速度快，规模作业能达到每小时作业 120～150 亩，其效率比常规作业至少高出 100 倍。植保无人机通过地面遥控或 GPS 飞控操作，相关人员可远距离操作，避免暴露于农药下，提高了作业的安全性。

（二）节约水药，降低成本

如电动无人直升机采用喷雾、喷洒方式至少可以减少 50% 的农药使用量，减少 90% 的用水量，降低资源成本。

（三）防治效果显著

如无人直升机具有作业高度低、飘移少、可空中悬停等特点，喷洒农药时旋翼产生的向下气流有助于增强农药对农作物的穿透性，防治效果好。

（四）成本低，易操作

如电动无人机整体尺寸小，重量轻，折旧率低，易保养，单位作业人工成本低；容易操作，操作人员一般经过短期训练即可掌握要领并执行任务。

第二节　植保无人机发展现状与未来发展趋势

近几年来，随着无人机技术的迅猛发展与无人机产业的迅速崛起，植保无人机在农业植保领域得到了井喷式发展。

植保无人机发展现状

从发展历程上看，国内植保无人机产业约起步于2008年，当时国内有一些企业研制出油动直升机用于农业植保，植保无人机发展处于萌芽阶段。在该阶段，植保无人机价格高、性能不稳定、没有实现大规模量产、用户无法实现盈利，故植保无人机保有量低、作业面积少。2016年，植保无人机开始高速发展，无人机厂家陆续进入该领域，带来了产品性能、性价比的快速提升，设备销售量逐年上升，作业面积保持大幅度增长。作业标准、行业标准、质量标准、职业标准等陆续推出，规范了行业发展。

在产业政策上，2017年9月，《农业部办公厅　财政部办公厅　中国民用航空局综合司关于开展农机购置补贴引导植保无人飞机规范应用试点工作的通知》发布；2017年12月，工信部印发《关于促进和规范民用无人机制造业发展的指导意见》；2018年3月，《关于做好2018—2020年农机新产品购置补贴试点工作的通知》发布，明确表示要继续开展农机购置补贴引导植保无人飞机规范应用试点。

中商情报网2019年10月16日发布的《2019年中国植保无人机发展现状及趋势分析（附保有量及市场规模）》显示，全国已有山东、河南、浙江、甘肃、重庆、吉林、安徽等十余个省市进入植保无人机补贴试点。在整体试点资金安排上，基本为千万元量级。政策支持下植保无人机市场在全国进入快速发展期。全国主要省市自治区植保无人机补贴政策一览如表3－3所示。

表3－3　全国主要省市自治区植保无人机补贴政策一览

序号	地区	补贴总额（万元）	补贴金额（万元/台）
1	山东	≤1000	1.0、1.6、3.0
2	河南	≤1000	3.72、5.37、5.43、7.53
3	浙江	—	3.0、1.7
4	甘肃	≤1000	1.6
5	重庆	—	1.6、2.9
6	吉林	≤1000	1.5
7	安徽	≤1000	1.6
8	福建	—	1.3、1.63、1.65

续 表

序号	地区	补贴总额（万元）	补贴金额（万元/台）
9	江西	≤1000	1.5、2.0
10	湖北	≤1000	1.5
11	湖南	≤1000	1.6
12	广东	≤1000	1.44、2.12
13	陕西	≤1000	—
14	江苏	≤1000	1.4
15	宁夏	—	1.7、2.1

国内植保无人机市场历经十余年探索与发展，保有量和作业面积均大幅增加。2014 年我国植保无人机保有量为 695 架，作业面积 426 万亩次；2015 年我国植保无人机保有量为 2324 架（31 个省市自治区统计），总作业面积 1153 万亩次，增长幅度分别为 234%、171%。2020 年，我国植保无人机保有量达到了 11 万架，作业面积达 10 亿亩次（见图 3－1）。从植保无人机生产企业来看，据统计，截至 2016 年 6 月 5 日，我国生产专业级无人机的公司有 300 多家，其中有 200 多家是植保无人机生产厂家，生产各类植保无人机共 178 个品种，保有量超过 5000 架。植保无人机的产品价格参差不齐，但基本保持在 5 万至 20 万元。

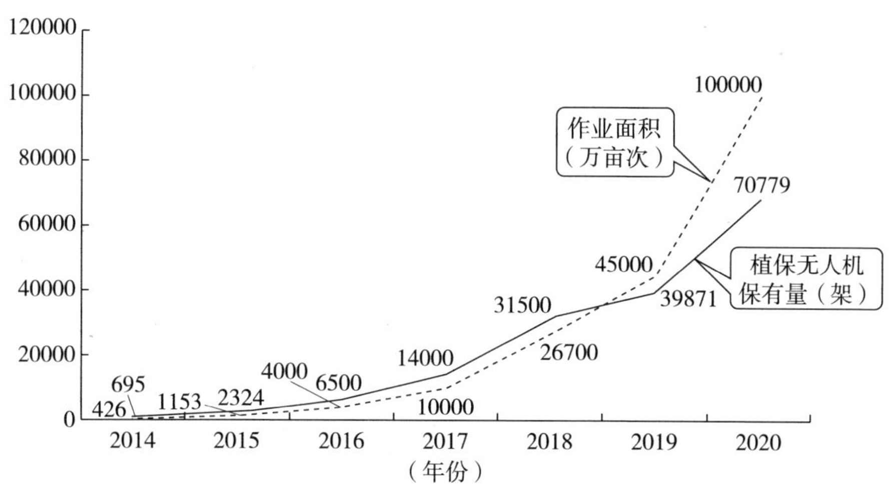

图 3－1 我国植保无人机保有量与作业面积

资料来源：《2019 年中国植保无人机发展现状及趋势分析》及行业资料整理。

在植保无人机市场规模上，未来市场整体规模可能保持50%~60%甚至更高增速，保有量将达到20万架，但在不同区域会出现较大差异。我国作为农业大国，每年需要大量的农业植保作业。相较于发达国家，我国农业植保环节的机械化水平不高，植保机械渗透率提升空间很大。美国、日本等国家，植保机械渗透率已经超过50%。同时，农药厂家对植保无人机采取了更为积极的态度，开始着手开发市场专用的飞防药剂，搭配植保无人机的使用，提升作业效果，从而推动了植保无人机的快速发展。

植保无人机未来发展趋势

应用无人机喷洒农药，不仅具有很大的经济价值，还具有很现实的社会价值，如提高工作效率，保障从业者生命安全，节省大量劳动力，节约农业投入成本，增加农民经济效益。国内植保无人机未来发展趋势主要表现在以下五个方面。

（1）操作简单化。植保无人机操作复杂，尤其是无人直升机，对操作手的能力要求更高。随着植保无人机技术的不断发展，植保无人机会由“专人操作”向“傻瓜机”方向发展，操作将更加智能化、简单化，适于新农人操作。

（2）载荷比增大。目前植保无人机载荷基本维持在5kg~20kg，载荷药量过少使得作业流程复杂，相信未来，植保无人机载荷比会越来越大。

（3）价格更加低廉。价格高是阻碍植保无人机普及的关键因素之一，国内植保无人机价格参差不齐，但至少几万元。随着技术的不断进步和市场的不断发展，植保无人机成本会大大降低，价格也会降低。

（4）服务更加完善。国内目前关于植保无人机的配套服务不够完善。随着植保无人机行业的不断发展，相关配套服务（维修、保险等）会更加完善和成熟。

（5）行业标准不断完善。国内还没有完整明确成体系的行业标准。随着行业技术和市场的不断成熟，植保无人机的技术标准体系会逐渐得到完善。

第四章　测绘无人机

【课前辅导】

本章主要讲解两个方面的内容。

1. 测绘无人机的基本概念、发展背景、技术与关键指标、应用领域和特点与优势。

2. 测绘无人机的发展现状与未来发展趋势。

【教学目的】

通过本章学习，重点掌握以下知识点。

1. 测绘无人机的基本概念、发展背景。

2. 测绘无人机的测绘技术与关键指标。

3. 测绘无人机的应用范围，主要的应用领域。

4. 测绘无人机的特点与优势。

5. 测绘无人机市场现状。

6. 测绘无人机未来发展前景。

第一节　测绘无人机基本知识要点

随着无人机技术的不断发展，无人机测绘测量在遥感测绘中起着非常重要的作用。测绘无人机（也称无人机航测）利用无人机技术平台，结合北斗定位技术、数字遥感技术，高分辨率 CCD（电荷耦合元件）数码相机、激光扫描仪等机载遥感设备，来获取信息，利用计算机处理图像信息，并根据特写的精度要求制作图像。

测绘无人机基本知识

一、测绘无人机发展背景

测绘学是研究地理信息的一门科学，与人们的生活息息相关。从土地调查、土地确权、城镇地籍测量、海洋测绘、大地测量等，再到建筑工程测量、房产测绘、大比例尺地形图测绘等，测绘的身影无处不在。能源、农业、水利电力、城市建设、交通规划、土地管理等都离不开测绘。测绘简单理解就是将现实物理世界数据化，为生产生活提供数据支持。

传统的测绘方式是人工脚量，需要测绘人员克服地形、天气等难题，常年在外奔波，不仅工作强度大、时间长而且成本高、效率低，测量精度不高。随着测绘学所依仗的测绘仪器从早期的绳尺、矩尺到望远镜、经纬仪的发展，测绘方法也得到了发展。20 世纪，随着飞机的发明，出现了航空摄影测绘的方法。人造卫星升空后，GPS 和遥感技术（RS）得以广泛应用。21 世纪，计算机视觉技术与无人驾驶航空器迅速发展，无人机航空摄影测量将无人机、卫星定位技术、遥感技术、计算机技术有机结合，推动了全数字自动化摄影测量发展。

测绘无人机面对复杂的地形也能高效灵活地完成测绘任务，尤其像山高林密、沟壑纵横的山区，或内有部分聚居、散居的居民区，因大量树木遮挡、通视条件极差，更适合采用无人机进行测绘。

二、无人机测绘技术

无人机测绘就是综合集成无人机、遥感传感器、遥测遥控、通信、导航定位和图像处理等多学科技术，通过实时获取目标区域的地理空间信息，快速完成遥感数据处理、测量成图、环境建模及分析的理论与技术。无人机测绘是将无人机技术应用于测绘遥感领域而产生的新方向，同时是对传统卫星遥感测绘和有人驾驶飞机航空测绘的有效补充。

无人机测绘系统通常由无人机平台、任务载荷、地面控制、数据链路、影像数据处理及测绘成果制作等子系统组成。

在实际应用中，为适应测绘测量的发展要求，提供相应的资源信息，无人机可以载多种遥感设备和模块，如高分辨率 CCD 数码相机、激光扫描仪、轻型光学相机、DLG（数字线划地图）、DOM（文档对象模型）、DEM（数字高程模型）、三维实景模型及机载激光雷达等来获取正确、完整的遥感影像资料，并通过相应的软件对所获取的图像信息进行处理，按照一定精度要求制作成图像，为相关领域提供数据支持。

三、测绘无人机的关键指标

测绘无人机在测绘工作中发挥着重要作用，其关键的指标有三个。

（一）精准性

测绘无人机的精准性是最关键的指标，是其能够得到应用的最重要前提。目前，测绘无人机可以进行快速准确的三维立体扫描分析，大大提高了测绘的精准性，而且能够直接获得立体图像，十分方便实用。

（二）续航力

使用无人机进行测绘时，无人机往往需要长时间工作，如果无人机的续航能力不足，工作过程中需要频繁补充燃料，会严重影响测绘效率。

（三）抗风力

抗风力也是测绘无人机非常重要的指标。无人机为了携带方便，逐渐向小型化、轻便型发展，但相应的抗风能力也在减弱，两者之间的平衡，是测绘无人机很重要的研发方向。

四、测绘无人机应用领域

测绘无人机广泛应用于国家重大工程建设、灾害应急与处理、国土监察、资源开发、新农村和小城镇建设、智慧城市建设等方面，尤其在基础测绘、土地资源调查监测、土地利用动态监测、数字城市建设和应急救灾测绘数据获取等方面应用较多。具体来说，测绘无人机应用领域包括以下几个。

（一）国土测绘

国土测绘是测绘无人机主要应用领域之一。我国幅员辽阔，再加上地形多样、环境复杂、气候多变，给传统测绘带来多方面的限制和困难，造成测绘难度大、成本高等问题。测绘无人机的出现，为国土测绘带来巨大帮助。一方面，无人机从空中进行测绘，摆脱了地形、环境、气候等限制，测绘范围更广、效率更高。另一方面，无人机替代人力进行测绘，也将测绘人员从各种可能的灾害与危险中拯救出来，在降低人力成本的同时，也保障了安全性。

（二）城市规划

城市规划是测绘无人机极重要的应用领域。在城镇化发展不断加快、人们对于高质量生活和智慧城市建设需求越发强烈的背景下，城市规划已经变得越来越重要。传统的规划手段主要依赖人力测量，已不适应新时代城市规划的发展需求，测绘无人机为城市规划手段带来有效变革。测绘无人机从空中作业，能减少地面测绘的限制和盲点，提升测绘效率与精度。测绘无人机取代人工，能节约测绘成本，保护人员安全。

（三）农业遥感

农业遥感是测绘无人机应用的又一重要领域。以农业遥感中的农作物测绘为例，传统的农作物测绘一般是实地测绘，这种方式存在局限性。利用无人机从空中高效率采集、传输和处理数据，不用费时费力进行人员实地测量再录入，大幅提升了测绘的效率，也节约了测绘的成本，同时提升了测绘的准确度。

（四）文物保护

在各种大型文物，例如长城、宫殿等的保护中，测绘是一项不可或缺但极具挑战的事情。一方面，获取文物各种数据需要利用测绘，这有利于文物修复和保护；另一方面，测绘过程中需要避免对文物造成破坏。无人机测绘在空中“无接触”进行，不会对文物带来破坏。同时，无人机测绘文物能打破空间限制，提升测绘效率和精度，降低测绘成本。

（五）建筑施工

建筑施工也是测绘无人机展现价值的领域之一。建筑施工之前，需对周边环境进行测绘，要对建筑设施安全负责，也要对周边环境保护负责。无人机测绘相比传统建筑测绘方式操作更简单、应用更灵活、覆盖更全面、效率更高、成本更低也更安全。

测绘无人机的特点与优势

测绘无人机具有机动灵活、高效快速、精细准确、作业成本低、适用范围广、生产周期短等特点，在小区域高分辨率影像快速获取方面具有明显优势。具体来说，测绘无人机具有以下优势。

（一）操作简单、运输便利

测绘无人机操作简单、运输便利，且准备时间短（在测绘前期准备时间短，只需约 15 分钟即可）。车载系统可迅速到达作业区附近设站，根据任务要求每天可获取数十至两百平方千米的航测结果。

（二）精度较高

测绘无人机的实际测量精度可以达到亚米级，可以获取大量的地理信息数据，在传统测量难以到达的区域表现更为突出，更能满足高精度测量需求。

（三）灵活性和安全性较高

环境变化对测绘无人机几乎没有影响，它的飞行高度既可以降到 50 米，又可以升到 1000 米。与传统测量方式相比，无人机测绘具有机动灵活、安全性较高等优势，可以在一些人迹罕至的地区顺利开展测绘工作。

（四）对测绘环境要求低

测绘无人机通常在低空飞行，空域申请便利，受气候条件影响较小。测绘无人机对起降场地的要求限制较小，可通过一段较为平整的路面实现起降，在获取航拍影像时不用考虑飞行员的飞行安全，对获取数据时的地理空域以及气象条件要求较低，具有在人工探测无法到达的地区进行监测的功能。

（五）时效性、性价比好

传统高分辨率卫星遥感测绘一般会面临两个问题，一是存档数据时效性差；二是编程拍摄可以得到较新的影像，但一般时间较长，同样面临时效性问题。无人机测绘则可以很好地解决这些难题，工作组可随时出发，随时拍摄，相比卫星和有人机测绘，可做到短时间内快速完成测绘，及时提供用户所需成果，且价格具有相当的优势。相比人工测绘，无人机每天至少几十平方千米的作业效率使无人机测绘成为今后小范围测绘的发展趋势。

（六）监控区域受限制小

我国面积辽阔，地形和气候复杂，很多区域常年受积雪、云层等因素影响，卫星遥感数据采集受一定限制。国家对于传统的大飞机航飞有规定和限制，其可能因此受云层的影响，妨碍成图质量。而测绘无人机就很好地解决了这些问题。测绘无人机不受航高限制，成像质量、精度都远远高于大飞机航拍。

（七）地表数据快速获取和建模能力强

系统携带的数码相机、数字航摄仪等设备可快速获取地表信息，获取超高分辨率数字影像和高精度定位数据，生成 DEM、三维正射影像图、三维景观模型、三维地表模型等二维、三维可视化数据，便于进行各类环境下应用系统的开发和应用。

（八）作业成本低

与传统的地形测绘和影像航拍方法相比，无人机测绘可节省较多的时间和成本。曾经可能需要数天或数周的数据采集工作可以在数小时内完成，并且建模分析也可快速完成。无人机测绘可节省大量的人力、物力、财力。

无人机测绘具有诸多优势，尤其与卫星测绘、载人机测绘相比较，优势更加突出，三者比较情况如表 4 - 1 所示。

表 4 - 1　　卫星测绘、载人机测绘、无人机测绘比较情况

	卫星测绘	载人机测绘	无人机测绘
使用高度	高（太）空	中低空	低空

续 表

	卫星测绘	载人机测绘	无人机测绘
制约因素	轨道位置、大气影响	大气影响、天气影响、空域审批	天气影响、空域审批
主要应用比例尺	1∶10000 以上比例尺	1∶5000 以上比例尺	1∶500 以上比例尺
主要数据成果	多光谱数据、卫星照片等	多光谱数据、航空照片	航空照片
常用任务载荷	卫星专用数据采集设备	ADS 系列专业航空摄影机等	佳能 5D 等民用全画幅单反相机
劣势	拍摄实效性差，易受卫星轨道、太阳光照位置影响，当有大气云团覆盖地表时，无法进行数据采集。同时无法提供地面分辨率 1m 以上精度的数据，数据更新周期较长	拍摄时易受大气云团及阴雨雪等天气影响，影响数据质量。同时，我国航空测绘相关的空域申请非常严格，周期较长，人力、机场停机等成本高	因主要用于低空摄影测绘，不受大气云团影响，但易受天气的影响，对天气要求较高，空域申报难度同载人机测绘相比较低

第二节 测绘无人机发展现状与未来发展趋势

测绘无人机发展现状

近年来，随着通信、飞控、传感、导航等各类技术的快速发展，在无人机产业优势和智能化转型价值的双重作用下，在测绘领域的巨大需求、资本投资等多种因素的促进下，无人机测绘应用领域不断持续拓展和深化，行业的市场规模越来越大。

在众多应用中，无人机在地理测绘领域的价值与表现尤其突出。中国航空运输协会通用航空分会对外发布的《2019 中国民用无人机发展报告》显示，截至 2019 年年底，获得民用无人机经营许可的企业达 7149 家，全行业实名登记无人机共 39.2 万架，无人机驾驶员执照总数为 67218 个。与此同时，全国有超过 300 家测绘单位拥有航摄资质，使用无人机数量超过 2000 架，行业从业人员接近 40 万名，无人机测绘市场成为民用无人机市场的重要组成部分。靠着各方面的优势，测绘无人机已引发热潮。

无人机测绘经过多年的发展，取得了较好的成绩，但还有不完善的地方，正处在走向成熟期的过程中。这些问题主要表现在影像畸变大、像幅小、偏角大、基高比小、重叠度高、像点存在位移等。随着技术发展，专业用于摄影测量的无人机将改善上述问题并占据市场主流。

测绘无人机未来发展趋势

（一）加速信息技术的融合

随着人工智能、5G、大数据等信息技术发展得越来越成熟，其与无人机融合应用的价值性也越发凸显，在此背景下，测绘无人机需要加速融合各种新型信息技术，增强对于数据采集、处理的能力，深化数据应用价值，这将是加速测绘无人机走向成熟的重要推动力，也是进一步提高测绘无人机精准度、效率的重要手段。

（二）加快标准规范的完善

测绘无人机在应用的过程中，由于数据壁垒限制、数据流通受阻，价值发挥存在困难。无人机产品功能和质量的参差不齐也影响到测绘无人机发展。为打破数据壁垒，保障产品功能和品质，完善产品标准和行业标准成为关键。

（三）加强应用安全的监管

无人机测绘面临的问题不只在数据流通和产品质量上，还有各种安全问题。之前，无人机应用存在扰航、坠机伤人等安全风险，同时由于数据采集更加便捷、快速、流通和开放，测绘数据也面临安全问题。未来安全方面的监管力度有待加强。

（四）成为决策的重要依据

测绘无人机可以轻松捕获数据，通过各种软件平台很容易实现数据建模、管理和共享，成为 GIS（地理信息系统）分析师、测绘师以及飞行员等用户的资源。无人机测绘通过提供快速的航拍数据，可以改变很多公司的运营方式，为关键业务利益相关者更快提供更准确的决策依据。

第五章　电力巡检无人机

【课前辅导】

本章主要讲解两个方面的内容。

1. 电力巡检无人机的基本概念、产生背景、关键技术系统、应用领域、分类、操作要求和优势。

2. 电力巡检无人机的发展现状与未来发展趋势。

【教学目的】

通过本章学习，重点掌握以下知识点。

1. 电力巡检无人机的基本概念、产生背景。

2. 电力巡检无人机的关键技术系统。

3. 电力巡检无人机的应用领域。

4. 电力巡检无人机的优势。

5. 电力巡检无人机发展现状。

6. 电力巡检无人机未来的发展趋势。

第一节　电力巡检无人机基本知识要点

电力巡检无人机就是在无人机上安装自动驾驶仪、程序控制装置等设备，代替人工从事高压电力线路、变电站/所、配电线的空中巡检作业，进行自动巡检、实时传回数据、自动回巢、自动充电等远程调度操作，进而提高电力线路巡检的自动化或智能化程度。

电力巡检无人机基本知识

一、电力巡检无人机产生背景

随着国内电网规模不断扩大，长距离输电线路，如特（超）高压线路迅速增多，而且很多的输电线路分布在崇山峻岭之中。为了日常电力线路维护、更新电力台账数据、防止电力事故发生，需要对电力线路进行日常巡查作业。但目前电力巡检主要由人工完成，传统巡检存在以下三大问题。

第一，巡检距离长、工作量大、步行巡检效率非常低。

第二，遇到暴雨、暴雪、地震、滑坡等自然灾害时，巡检工作将无法开展。

第三，山区巡检具有高风险性，时刻威胁巡检人员生命安全。部分山区林区有毒生物多，威胁最大的是那些不易被发现的陷阱和捕兽夹。

人工巡检劳动强度大、工作条件艰苦、劳动效率低，这种方式已经不能完全适应现代化电网建设与发展的需求。利用无人机进行电力巡检是较为先进的技术手段，不仅工作效率可以大幅提高，也能大大减少人工野外工作，降低巡检成本。

二、电力巡检无人机关键技术系统

用于电力巡检的无人机有飞控系统、动力系统和巡检系统这三大关键技术系统。

飞控系统是飞行管理与控制系统，它是电力巡检无人机的“大脑”，对无人机的稳定性，数据传输的可靠性、精确度、实时性等都有重要影响，对无人机飞行性能起决定性的作用。

动力系统为电力巡检无人机提供动力支持，直接影响无人机的续航时间。

巡检系统则指利用电力巡检无人机搭载的可见光、红外等检测设备，完成架空输电线路巡检任务的作业系统，包括无人机分系统（通过遥控指令完成飞行任务的无人机系统）、任务载荷系统（完成检测、采集和记录架空输电线路信息等特定任务功能的系统）、综合保障系统（保障无人机巡检系统正常工作的设备和工具的集合）。

电力巡检无人机要求适用性、稳定性、安全性较强，电力巡检无人机技术的不断成熟，将进一步推动成本的下降。

三、电力巡检无人机应用领域

电力巡检无人机主要用于精细巡检、定点巡检、范围巡检、其他巡检等领域。

（1）精细巡检：防震锤、耐张线夹、悬垂线夹、连接器、弹簧销、绝缘子巡检。

（2）定点巡检：混凝土杆、铁塔、基座、斜拉线、变电设备巡检。

（3）范围巡检：违章树木、违章建筑、新架线路、新加建筑物、大面积施工、大型设备移动、偷窃行为巡检。

（4）其他巡检：防雷设备、接地、惊鸟器、警告牌巡检。

四、电力巡检无人机分类

用于电力巡检的无人机，属于工业级无人机，按照机身构造分为电力巡检无人直升机、电力巡检固定翼无人机、电力巡检多旋翼无人机。

电力巡检无人直升机适用于中等距离的多任务精细巡检、短距离的多方位精细巡检和故障巡检，电力巡检固定翼无人机适用于大范围或小范围通道巡检、应急巡检和灾情普查，电力巡检多旋翼无人机则主要负责精细巡检。

五、电力巡检无人机操作要求

电力巡检无人机作为许多输电员工出门巡线的必备设备，操作时在安全、技术、照片整理存储方面都有具体要求。

（一）安全要求

电力巡检无人机应满足巡检相关功能要求，定期保养并经检测合格，确保状态正常，遥控和电池电量应当满足任务量要求。执行任务时应确认天气情况正常，雾、雪、暴雨天气，风速大于10米/秒情况下不宜作业。执行任务前应按相关要求办理空域审批手续，并密切跟踪当地空域变化情况。起飞前应检查安全策略设置是否合理，对应失控行为一般设置为“悬停”。

（二）技术要求

输电线路无人机精细化巡检主要针对线路杆塔全貌、塔头、塔身、绝缘子及组装金具、线路大小号侧通道等。巡检时应分别进行拍摄，拍摄时要合理设置相机参数，保证对焦准确，曝光合理、不模糊，并且拍摄目标应在图片中间位置。

全景巡检时要将杆塔全貌摄入其中，应能够表现杆塔基本情况及线路保护区范围内环境信息。要合理选择拍摄位置，尽量避免杆塔被树木及其他障碍物遮挡，无人机宜在杆塔正（反）面偏左（右）15°～45°位置拍摄。无人机拍摄位置不宜过高，避免云台俯视角度过大。塔头巡检时要合理控制拍摄比例，不得将全塔摄入其中，无人机宜在杆塔正（反）面偏左（右）15°～45°位置拍摄。要将全部绝缘子、防震锤、色标牌摄入其中，照片中双串绝缘子应相互错开，不得重叠。塔身巡检时要合理控制拍摄比例，不得将全塔摄入其中，宜在杆塔正（反）面偏左（右）15°～45°位置拍摄。要合理选择拍摄位置，尽量避免塔身被树木及其他障碍物遮挡。注意脚钉及爬梯位置，不得被塔身遮挡、漏拍。拍摄的杆号牌应能清晰辨识文字内容。

基础巡检时要将基础排水沟、截水沟、护坡、挡墙等设施全部摄入其中。至少从两个角度拍摄，尽量避免塔腿被树木及其他障碍物遮挡。合理控制无人机拍摄高度，宜在最下层横担以下拍摄，并注意云台俯视角度不宜过大。

巡检绝缘子及组装金具时，针对每串绝缘子应整体至少拍摄一张照片，针对绝缘子两侧挂点至少单独拍摄一张照片，再针对遮挡、重叠、模糊不清部分进行补拍。合理控制无人机拍摄位置，尽量减少相邻绝缘子伞裙在图像上的重叠，双串绝缘子间不得相互遮挡。将所有连接金具的螺栓、销钉、弹簧垫片拍入其中，要求从照片中能清晰辨别销钉级缺陷。根据螺栓穿入方向，合理选择拍摄角度，垂直方向由上往下穿的应由下往上仰拍，水平方向由外向内穿入的应由内向外拍。

针对线路大小号侧通道，将主体杆塔、前方杆塔、档距内导线及通道信息拍入其中，图片应能正确清晰反映导线与通道的地面、边坡、建筑物的位置关系。在杆塔侧后方的最下层导线以下位置进行拍摄；不得离杆塔太近，以免遗漏杆塔两侧通道环境信息。针对线路左右两侧通道应分别拍摄。拍摄时，线路通道通视情况应良好，不得在雾天进行拍摄。

附属设施巡检，在避雷器用放电计数器安装条件允许的情况下，应进行计数采集拍摄。

（三）照片整理存储要求

照片要按拍摄部位命名并实行分级分类储存，宜采用“线路所属单位名称 – 线路名称 – 杆塔号［与 PMS（项目管理系统）一致］ – 照片”的四级目录进行储存。

电力巡检无人机的优势

相比于传统人力巡检来说，无人机巡检具有以下几方面优势。

（1）起飞环境要求低。无人机可垂直起飞和降落，无须任何辅助装置，不需要专门的机场和跑道，对环境要求极低，可在野外随处起飞和降落。

（2）飞行精度高，可长时间悬停、前飞、后飞、侧飞、盘旋等。旋翼无人机和固定翼无人机能在平原、湖泊、高山等地形地貌下飞行巡检，可以利用空中优势，全方位、高精度检查输电线路运行情况，因此能够很好地弥补人工巡检的不足。

（3）操作简单、巡检范围大、效率高。无人机易于携带、操作简单，并且飞行速度快、载荷丰富、任务用途广泛、可以自主飞行。电力巡检无人机能够摆脱地形、气候等限制，深入人力无法到达的地方进行作业。因此其巡检范围非常大、效率非常高、精度非常高。相关信息表明，无人机巡检比人工巡检效率高出 40 倍。

（4）系统稳定，机动灵活。无人机速度可控范围大，智能化程度高，可实现程控自主飞行及自动返航等多种先进功能，有较强的容错能力，系统性能稳定可靠、机动灵活。

（5）可带电作业、维修效率高。无人机巡检能提高电力维护和检修的速度和效率，而且可使许多工作在完全带电的环境下迅速完成，确保了用电安全。

（6）降低成本，提高安全性。采用无人机进行常规输电线路巡检，可降低劳动强度，与有人直升机巡检相比，可提高巡检作业人员的安全性，并且降低了成本。

（7）无人机具有夜巡功能。在夜晚，无人机搭载的热成像设备，可以通过温度异常变化对比值，发现隐蔽性较强的故障点，比如导线、线夹、引流线、绝缘子发热点。结合传统可见光巡线，热成像巡线能顺利完成夜间输电设备故障巡检，大大提高故障点检测的准确性，为故障抢修赢得宝贵的时间。

（8）规避事故性停电。电力巡检无人机具有巡检速度快、应急迅速的特点，并可以及时发现问题，及时提供信息，能有效避免线路事故引发的突发停电。

（9）智能化程度高，数据处理能力强。电力巡检无人机除了巡检之外，还能提供数据收集、数据分析、处理决策等帮助。作为一个重要平台，电力巡检无人机上面可以集成摄像头、传感器等多样设备，它们能够帮助电力巡检无人机在获取图像与视频信息的同时，高速传输、分析和处理数据。

尽管无人机在电力巡检领域应用已经十分广泛，但仍有续航与信号传输两大方面的痛点。续航问题需要电池技术的突破，短期内难以解决。而信号传输的问题，还需要摆脱对无线信号控制器的依赖，通过建立三维电网航线模型和完善数据库，有望实现自动电力巡检，从而改变过往无线信号传输受阻的局面。

第二节　电力巡检无人机发展现状与未来发展趋势

电力巡检无人机发展现状

2009 年，我国电力系统便正式开启了无人机巡检的时代。包括南方电网、国家电网等企业，都在加速布局和测试电力巡检无人机，我国已经形成了较为完整的电力巡检无人机产业链，市场发展也渐入佳境。

我国输电线路总长度超过了 115 万千米，500kV 及以上的输电线路已成为各区电网输电主力。但随着线路里程不断增加，人均运维长度逐年增加，现有巡检方式效率低的问题越发突出，无人机电力巡检成为未来重点发展方向。

2009 年，国家电网成立了无人机巡检专项，花费 6 年时间，在各地电力公司不断试点，并取得良好效果。2011 年，南方电网成立无人机巡检试点项目，历时 4 年完成各项调试和验收等工作。2013 年，南方电网制定“在全网

逐步推广输电线路机巡作业”部署。国家电网出台输电线路直升机、无人机和人工协同巡检模式试点工作方案，并在多个省份推广新兴巡检模式试点工作。2014 年，南方电网开始在班组试用多旋翼无人机，以赛促练，开展多旋翼无人机竞赛。2015 年，各地无人机巡检试点工作陆续完成验收，总结试点经验，完善标准体系。2015 年，国家电网系统全面推广直升机、无人机和人工巡检相互协同的输电线路新型巡检模式。2019 年，我国无人机电力巡检市场规模约 30 亿元。

电力巡检无人机未来发展趋势

无人机电力巡检主要分为人工操控阶段、自动化阶段和无人化阶段。

人工操控阶段，巡检人员通过直接操作无人机，完成电力巡检工作，巡检人员不需要爬塔巡检，降低了巡检难度，但是数据分析仍然依靠人力。自动化阶段，无人机带有 RTK（实时动态）高精度定位技术，可以实现自动驾驶，后续也有 AI（人工智能）辅助分析数据，解放了更多的人力，提高了巡检效率。但因无人机通信和数据样本不足问题，无法实现全自动化，仍需要人力运维辅助。无人化阶段，无人机带有“5G + RTK”，可实现全自动化巡检。人员只需要部署无人机自动停机场，不用去巡检现场，无人机自动巡检、实时传回数据、自动回巢、自动充电，可以实现远程调度。

目前，国内无人机电力巡检尚处于人工操控阶段向自动化阶段的过渡期，以人工操控无人机进行作业为主。部分单位也开始规模化采用无人机自主巡检。未来无人机电力巡检必然朝着自动化和无人化方向发展。

（一）无人机电力巡检智能化

未来基于“泛在电力物联网”契机，完善“固定机场 + 移动机场 + 人工辅助”“智能巡检 + 实时监测 + 主动检修”的多层级、多机种、全过程协同作业体系，形成巡检策略制定、作业过程监控、数据智能分析、检修消缺闭环等全流程管控机制。通过推动人工智能技术在无人机系统领域的融合应用，使无人机具备智能控制、整合空域和适应环境的能力，能够协同指挥控制、协同态势生成与评估，协同语义交互，同时利用智能算法对收集的语音、文字和图像等信息进行智能分析，实现人工智能与无人机的共同发展，提升无人机电力巡检智能化水平。

（二）电力巡检无人机自主协同差异化巡检模式

当前开展的“人工＋电力巡检无人机”协同巡检，有效提升了巡检质量及效率，但巡检模式安排是以整条线路为单位，通常是按照固定周期制订巡检方案并执行，即在固定周期对整条线路逐点进行巡检，这种巡检模式是对整条线路采用同样的方式进行无差别巡检，对于需要重点关注的区段或者线路巡检力度不够。而对于运营状况和运营环境良好的线路花了同样的时间和人力进行巡检，浪费了时间和人力。根据线路实际情况开展差异化巡检，依据线路重要性、潜在危险点等运行状态及运行经验，动态设定巡检周期，加强和突出巡检的重点和要求，提高对外力破坏等重要危险源点的巡检密度，降低例如检查线路金属附件锈蚀情况、绝缘子测零等项目的巡检密度。实现由以“线”为单位的固定周期巡检模式向以“点（段）”为单位的有重点的动态周期状态巡检模式的转变，提高巡检质量和效率。

第六章　安防无人机

【课前辅导】

本章主要讲解两个方面的内容。

1. 安防巡检无人机的基本概念、分类、应用领域和特点与优势。
2. 安防无人机的发展现状与未来发展趋势。

【教学目的】

通过本章学习，重点掌握以下知识点。

1. 安防无人机的基本概念与分类。
2. 安防无人机应用范围，主要的应用领域。
3. 安防无人机的特点与优势。
4. 安防无人机与消费级无人机之间的区别。
5. 安防无人机发展现状。
6. 安防无人机未来发展趋势。

第一节　安防无人机基本知识要点

安防无人机是指用于安防领域的无人驾驶航空器，可搭载通过声、光、电多种侦测技术融合，利用大数据处理、云计算、人工智能和机器学习形成的远、近结合的低空防御系统。

安防无人机基本知识

一、安防与安防无人机

（一）安防

从概念上讲，安防（安全防范）是指以维护公共安全为目的，实施的一系列防入侵、防盗窃、防破坏、防爆炸、防火灾和安全检查等措施。显而易见，安全是目的，防范是手段，通过防范的手段达到或实现安全的目的，就是安防的基本内涵。

安防各个子系统的基本配置包括前端、传输、信息处理/控制/显示/通信三大单元。不同的子系统，其三大单元的具体内容有所不同。如入侵报警系统是利用传感器技术和电子信息技术探测并指示非法进入或试图非法进入设防区域的行为、处理报警信息、发出报警信息的电子系统或网络。

（二）安防无人机

安防无人机可利用机器人等现代设备技术，通过远程监控、云端技术等现代软件技术，打破地理限制，形成空中、地面和水中全方位无死角的安防系统。其作业基础是几乎联通一切、整合一切、控制一切的云端智能安保平台。

在这一平台上，安保管理人员参考平台实时反馈，并通过大数据技术整合过的相关信息，对安保体系做出具体决策，功能犹如大脑。在“大脑”的指挥下，安防无人机犹如“无数只手脚”，全空间、全天候、全时段与保安人员协作，执行具体的安保任务。最后将执行任务的情况实时发给决策者，完成信息、决策、处理的三步循环。

二、安防无人机分类

安防无人机按照用途可分为民用安防无人机和警用安防无人机。

民用安防无人机，主要应用于能源、文教卫等机构，以及智慧城市监控、城市规划、矿产资源开发、国土资源调查、森林防火监测、水利设施监测、文博保护、建设测绘、事故勘测、防汛抗旱、抢险救灾、海上巡逻搜救、航空机场、火（核）电厂、体育场馆、各种会议等公共服务或其他领域。

警用安防无人机，主要用于目标侦查、空中巡逻、边防监控、警情消防监控等警用领域。

三、安防无人机应用领域

（一）警用安防

警用安防是安防无人机的重要应用领域。警用无人机是专用无人机，可搭载空中喊话、投放催泪瓦斯、安防监控等装置，在交通管理、消防救援等领域应用较多。

（二）能源巡查

电力巡查和管道巡查是维护能源正常使用的必要手段，无人机实现了电子化、信息化、智能化巡检，提高了电力线路巡检的工作效率、应急抢险水平和供电可靠率。除了正常情况的巡查以外，还能在特殊情况下迅速巡查做出诊断，比如在面对地震、洪水、海啸等重大灾难时，电路、通信线路等畅通对灾后救援起着至关重要的作用。在山洪暴发、地震灾害等紧急情况下，无人机可对线路的潜在危险，诸如塔基陷落等问题进行勘测与紧急排查，丝毫不受路面状况影响，既免去人工攀爬杆塔之苦，又能勘测到人眼可能看不到的地方，对于迅速恢复供电很有帮助。

（三）家庭安防

2016 年美国加州帕罗奥图向日葵实验室发布了基于传感器和无人机的家庭安防系统。当传感器感知到异常情况时，无人机会自动巡查家周遭的环境，将画面传输给主人。目前我国家庭安防无人机应用较少，不过随着人们生活水平的不断提高，以及人们对于安全日益攀升的需求，家庭安防无人机领域也将得到进一步发展。

（四）其他

（1）街景拍摄、监控巡察。利用携带摄像机装置的无人机，开展大规模航拍，实现空中俯瞰的效果。

（2）环保领域。其应用大致可分为三种类型。环境监测：观测空气、土壤、植被和水质状况，也可以实时快速跟踪和监测突发环境污染事件的发展情况。环境执法：相关部门利用搭载了采集与分析设备的无人机在特定区域巡航，监测企业工厂的废气与废水排放情况，寻找污染源。环境治理：利用携带了催化剂和气象探测设备的无人机在空中进行喷洒，与无人机喷洒农药的工作原理一样，在一定区域内消除雾霾。

（3）灾后救援。无人机动作迅速，从起飞至降落，短时间内就能完成 10 万多平方米的航拍工作，对于争分夺秒的灾后救援工作而言，利用搭载了高清拍摄装置的无人机对受灾地区进行航拍，提供实时影像，意义非凡。无人机可以保障救援工作的安全性，通过航拍的形式为合理分配救援力量、确定救灾重点区域、选择安全救援路线以及灾后重建选址等提供有价值的参考。

安防无人机的特点与优势

一、安防无人机系统特点

（1）地空一体，立体防控。通过指挥无人机合作进行空中警戒巡逻，形成地空一体立体防控体系。

（2）精确定位，快速识别。采用雷达加频谱设备主被动探测相结合，具备优异的强杂波环境中低空目标检测能力和目标分类能力，并可通过光电跟踪取证快速识别目标身份。

（3）预警判断，决策指挥。实时提供侵入区域预警、告警信息，判断威胁程度，提供辅助指挥决策信息。

（4）灵活部署，统一管理。无人机防控指挥平台可全方位统一监视与管理空中态势。

二、安防无人机优势

无人机因自身特点，在安防领域应用时具有独特的优势，具体情况如下。

（1）居高临下，观察清楚。无人机可以鸟瞰地面车流实况，有利于交管部门掌握全局，通盘指挥和正确疏导。事故发生后，无人机可以更接近肇事车辆和人员，观察得更加清楚。

（2）活动范围大。无人机可以低空飞行，路径短、速度快、变换视角灵活、活动范围大，有利于交通管理部门快速、高效控制局面。

（3）航时长。无人机的航时长，可以进行长时间的城市交通巡逻飞行，适用于锁定目标区域时的长时间搜寻任务。

（4）效率高。无人机的地勤和机务准备时间短，可随时出动，具有低投入、高效率的特点。

（5）风险低。在参与城市交通管理过程中，无人机能够在灾害天气或者受污染的环境下执行高危险性的任务等。比如在沙尘暴探测、化学品污染监测、放射性污染监测方面，无人机具有极大优势。

(6) 可以少替多。无人机在参与城市交通管理中能够以较少的架数代替较多的地面人员完成同样的任务，有助于节省人力和降低勤务成本。

(7) 机动灵活。在参与城市交通管理中，无人机可以在高速道路和桥梁道路之上、高楼大厦之间、隧道等各种环境下进行事故现场的勘查和取证，具有机动性和灵活性。

(8) 可应急救援。在遇到地震、洪灾、海啸、暴雪等自然灾害地面导致交通瘫痪时，无人机可以深入现场观察实况，进行航拍、搜索人员、建立通信中继、空投急救药品。

(9) 可帮助治安防范。无人机在参与城市交通管理时，既能对肇事逃逸车辆紧追不舍取证，又能对肇事逃逸者预先警告，然后择机应对，采用相应手段。

三、安防无人机与消费级无人机的主要区别

(一) 属性不同

安防无人机与航拍无人机、植保无人机、测绘无人机、电力巡检无人机、救援无人机等均属于专业级无人机，与消费级无人机具有明显的不同。安防无人机面向行业用户，属于专业市场的产品；消费级无人机是面向个人的，属于大众市场的产品。专业市场的产品以“用”为主，大众市场的产品以“玩”为主。安防无人机的服务对象主要是企业等，这类市场也叫商用无人机市场。

安防无人机在续航时间、载重量、安全可靠性等方面要求更高。安防无人机还具有定制化的特点，无人机本身只是一个平台，搭载不同设备后可实现不同的功能。

(二) 关注点不同

在核心技术层面，安防无人机生产商与消费级无人机生产商的关注点不同，一个偏重飞行系统技术，另一个偏重移动图像采集技术。对安防无人机生产商而言，其核心技术在于图像采集、处理、编码、传输、安全和性能等，生产商会严格遵循相关法规设定禁飞区，通过电子围栏功能、用户权限设置、

无人机实名制等措施，多方面保证无人机的技术性能和安全使用性。消费级无人机生产商主要关注无人机本身，可能无法满足客户的个性化需求，主要侧重于航拍和单机应用。

第二节　安防无人机发展现状与未来发展趋势

安防无人机发展现状

安防无人机在技术、市场、企业、资本等领域均形成了较大规模化的发展。

技术角度上，除了机载平台，在视频、控制、传感、结构化信息运用等方面，安防无人机的技术内涵其实与其他安防监控产品没有太大区别。安防无人机对图像清晰度、稳定性、网络实时传输甚至图像智能分析等方面都有着较高的要求，因此需要一个系统来支撑。

安防无人机未来发展趋势

预计未来 10 年我国专业级无人机市场总规模将达到 240 亿元以上，安防无人机未来发展前景很大。

安防无人机未来发展趋势如下。

（一）立体化

行业级无人机的核心价值就是解决行业用户的需求。与传统监控方式相比，安防无人机监控具有可移动、高效、立体等特点。无人机运用在安防监控领域后，监控摄像头可以不再固定在一处，利用携带摄像机装置的无人机，可以开展大规模巡航拍摄，让视频监控的范围更加广阔。

从技术发展趋势看，安防无人机具有更好的机动性，配备相应的控制、调度软件系统平台后，可以实现全方位、立体化、实时监控，大大拓展了监控范围。今后的安防监控应用会向“高空”“立体”全面部署发展，从而打造地空立体监控体系，引领安防行业进入立体监控时代。

（二）智能化

随着互联网云端技术和大数据技术的不断发展，AI 技术、5G 技术与无人机结合，将人工智能分析平台接入无人机，实现视频及图片存储、智能人体识别等功能，无人机智能化分析应用实时数据将变为可能，比如实现车牌识别以及人流量统计等功能。随着无人机、机器人等硬件技术的不断普及，安防无人机体系将越来越智能、精细、多样。

第七章　航拍无人机

【课前辅导】

本章主要讲解两个方面的内容。

1. 航拍的基本概念，航拍无人机应用领域和特点。

2. 航拍无人机的发展现状与未来发展趋势。

【教学目的】

通过本章学习，重点掌握以下知识点。

1. 航拍的基本概念。

2. 航拍无人机应用范围，主要的应用领域。

3. 航拍无人机的特点。

4. 航拍无人机发展现状。

5. 航拍无人机未来发展趋势。

第一节　航拍无人机基本知识要点

随着无人机技术持续进步，尤其是微电子、导航、控制、通信等技术的成熟，无人机的稳定性越来越高、操作和入门要求逐步降低，航拍无人机应用越来越常态化，行业发展势头迅猛。

航拍无人机基本知识

一、航拍基本概念

航拍就是利用无人机的航拍飞控技术进行空中遥控拍摄。航拍飞控技术是单片机技术、传感器技术、GPS 技术、通信服务技术、飞行控制技术、任务控制技术、编程技术等多技术集成，并依托于硬件高科技的产物。

航拍又称空中摄影或航空摄影，是指从空中拍摄地貌，获得俯视图，此图即为空照图。航拍能够清晰表现地貌。

二、航拍无人机应用领域

航拍无人机不仅仅应用于航空拍摄领域，在矿产资源勘探、海洋环境监测、土地利用调查、森林防火、森林病虫害防护与监测、大气取样、保护区野生动物监测、水资源开发、地震调查、核辐射探测、应急救援、农作物长势监测、城市规划与市政管理、管道巡检、公共安全、数字地球等领域，也有着广阔的市场。

针对不同的应用领域或不同的应用场景，航拍无人机的技术标准是完全不同的。如森林防火领域要求航拍无人机的飞行时间长，研究和试验领域要求航拍无人机可负重，地震调查领域要求航拍无人机机动性强、操作方便等。

三、无人机航拍技术

无人机航拍是以无人机作为空中平台，以机载遥感设备，如高分辨率CCD数码相机、轻型光学相机、红外扫描仪、激光扫描仪、磁测仪等获取信息，用计算机对图像信息进行处理，并按照一定精度要求制作成图像。

以无人机为空中遥感平台的微型航空遥感技术，适应国家经济和文化建设发展的需要，为中小城市特别是城、镇、县、乡等地区经济和文化建设提供了有效的遥感技术服务手段，对我国经济的发展具有重要的促进作用。

航拍无人机特点

航拍无人机拍摄的影像具有高清晰、大比例尺、小面积、高现势性的优点，航拍无人机适合获取带状地区影像。

航拍无人机起飞、降落受场地限制较小，在操场、公路或其他较开阔的地面均可起降，稳定性、安全性好，转场容易。

多用途、多功能的影像系统是获取遥感信息的重要手段。航拍无人机可使用摄影、摄像器材拍摄黑白、彩色的负片及反转片，也可使用小型数字摄像机或视频无线传输技术进行彩色摄制。

航拍无人机还具有小型轻便、低噪节能、高效机动、智能化等特点。

第二节　航拍无人机发展现状与未来发展趋势

航拍无人机发展现状

航拍无人机是民用消费级无人机中非常流行的种类，国内主流的无人机厂商中，近一半从事专业航拍无人机生产。在“互联网＋”的热潮中，通过搭载高清摄像头，小型无人机可以在高空拍摄、录制影视素材，包括极限运动航拍作品、风景航拍作品以及商业宣传片等，无人机航拍在视频平台中愈加受欢迎。航拍无人机市场规模日渐增长，2017 年我国航拍无人机市场规模约 40 亿元，预计中国航拍无人机市场将以 86.5% 的年复合增长率快速成长。

目前我国航拍无人机核心技术拥有者少，市场集中度高。消费级航拍无人机的关键技术包括飞控系统、智能识别、跟踪、数据传输、云台系统等，而我国国内消费级航拍无人机行业中，拥有核心技术的企业很少，95% 以上的企业从事的是组装业务，缺乏自主研发能力。

目前国内消费级航拍无人机因技术发展、使用场景、市场格局固定等因素，已暂时进入缓慢发展时期。

航拍无人机未来发展趋势

在结构方面，航拍无人机朝着模块化、标准化、多样化和系列化的方向发展，且具有广泛的应用前景。

在设备方面，大载重、长航时多旋翼无人机的研制正在火热进行，续航时间更长、动力更强的航拍无人机产品层出不穷。氢燃料电池多旋翼无人机的续航时间已可达 273 分钟。

在安全性方面，从 2015 年，世界上主要的消费级、商业级无人机制造商就开始将“避障系统”当作产品重点来进行研发。虽然目前无人机的避障技术研发还处于初级阶段，但随着技术的不断成熟，将会有更多的新方法应用于无人机避障技术之中，这将降低航拍无人机的操作难度。

无人机实践篇

第八章 多旋翼无人机基本结构、组装材料与工具

【课前辅导】

本章主要讲解两个方面的内容。

1. 多旋翼无人机的基本结构、主要模块和组成部件。
2. 多旋翼无人机组装与调试的主要材料和工具。

【教学目的】

通过本章学习，重点掌握以下知识点。

1. 多旋翼无人机的主要模块，及这些模块的组成部件。
2. 多旋翼无人机组装材料。
3. 多旋翼无人机调试工具，这些工具的使用方法。

第一节 多旋翼无人机基本结构

多旋翼无人机设计是一个综合性系统工程。从结构模块来看，多旋翼无人机主要由气动、强度、动力、材料、工艺、外形等组成。通过系统化的模块设计，可将各个模块进行整合和连接，最终实现多旋翼无人机总体设计。

多旋翼无人机基本结构相关概念

多旋翼无人机主要由机架、动力系统、飞控系统、遥控系统和任务载荷等模块组成（见图 8－1）。

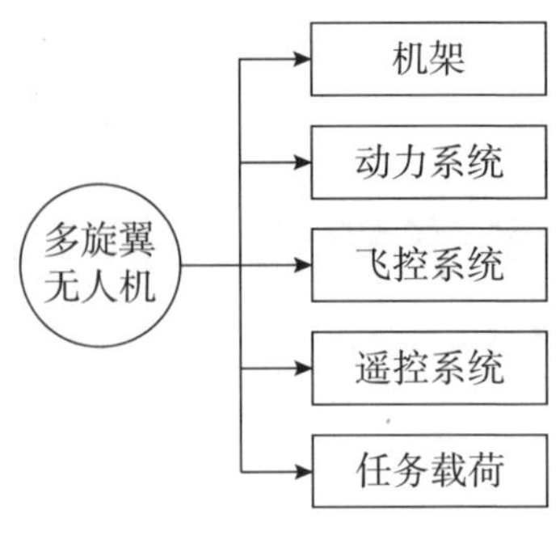

图 8－1　多旋翼无人机基本结构

一、机架

（一）机架基本概念与分类

机架是指多旋翼无人机的机身，是多旋翼无人机支撑其他部件的框架结构，起到承载作用。机架需承载无人机全部设备的重量，包括飞行控制器、电调、电机、螺旋桨、遥控器接收机、电池、云台等。机架的好坏直接影响到整个无人机的性能与安全。

根据旋翼机轴数的不同，机架可分为三轴、四轴、六轴、八轴、十八轴等。根据发动机个数，机架分为三旋翼、四旋翼、六旋翼、八旋翼、十八旋翼等。

轴数和旋翼数一般情况下是相等的，但也有特殊情况，譬如三轴六旋翼无人机有三个轴，每个轴上下各安装一个电动机构成六旋翼。

（二）机架选材

机架自身的重量是一个重要的参数，机架要尽可能轻。通常机架重量越小，无人机的载重越大，常见的机架材料有塑料和碳纤维。

1. 塑料机架

塑料的密度小，但强度和刚度不高，制作比较容易，多个机身部件在组装时通常采用螺丝固定，桨高速转动时产生的震动可能会使螺丝松动，从而导致机身的轴臂有脱落的危险。随着 3D 打印技术的成熟，使用 3D 打印机一次性将机架打印出来，既减掉了螺丝钉的重量又避免了轴臂松动的危险。

2. 碳纤维机架

采用碳纤维材料做无人机的机架也是比较常见的选择。碳纤维的密度低，强度和刚度高，非常适合作为无人机的机架材料。由于其强度和刚度都较高，在无人机飞行过程中会有减震效果，能使飞行更加稳定。但碳纤维加工比较困难，需要对整个碳纤维板做切割、打孔，并与起落架等其他部件连接固定。

塑料材质的机架价格低廉，更适合普通无人机，碳纤维材质的机架更多时候被用于商业或工业级无人机。

（三）布局与轴距

常见的多旋翼布局有三旋翼、四旋翼、六旋翼和八旋翼，也有一些特殊布局，如五旋翼。在开源飞行控制程序（简称飞控程序或飞控）中布局通常分为两大类，X 形和 I 形，即叉形布局和十字形布局。

轴距是多旋翼无人机的一个重要参数，通常被定义为电机轴心轴围成的外壳外接圆周的直径（单位为毫米），对称多旋翼无人机中轴距即为对角线上的两个电机轴心的距离，轴距的大小决定了螺旋桨的尺寸上限，限定了螺旋桨能产生的最大拉力，直接影响到无人机的载重能力。

不同机架的结构如图 8 –2 所示。

（四）起落架

在多旋翼无人机的底部装有起落架，起落架的作用是使机身与地面之间保持安全距离，使无人机在离地面不远处起飞或降落时与地面不发生碰撞，保护螺旋桨。起落架使螺旋桨与地面之间有足够的空间，无人机起飞和降落时，可以有效减小与地面产生的气流干扰。同时起落架的安装加大了无人机自身的重量，减小了无人机的载重。

（五）涵道

多旋翼无人机螺旋桨的涵道主要用于保护桨叶与人的安全，同时可提高飞行的拉力效率、减少噪声。带有涵道的多旋翼的拉力由两部分组成：螺旋桨本身产生的拉力和涵道产生的附加拉力。根据伯努利原理，涵道内侧由于螺旋桨高速旋转，带动气流快速下降，涵道外侧气流缓慢，所以涵道外侧气压会大于内侧气压，于是会产生一部分向上的拉力，也就是会提

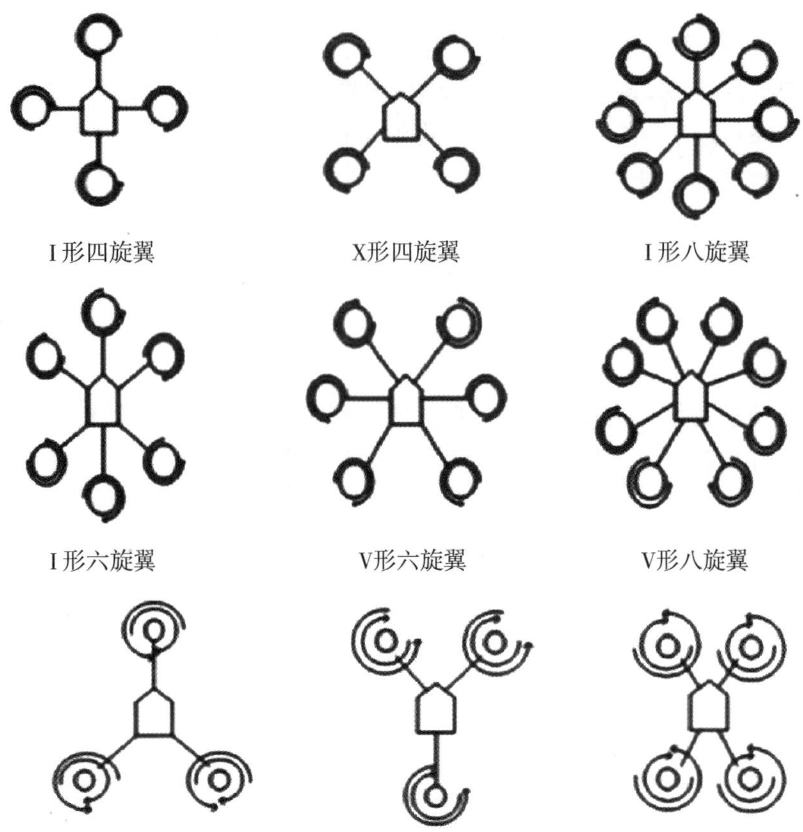

图 8－2　不同机架的结构

高无人机的动力。

多旋翼无人机螺旋桨的涵道结构，包括同轴设置在螺旋桨外围的涵道圈体，涵道圈体的圆心处有可拆卸安装的支座，支座和涵道圈体上均设置用于径向安装同一无人机机臂的安装口，可解决多旋翼无人机螺旋桨效率低、安全性较低、工作噪声较大的问题。

从机架设计上讲，如果增加了四个涵道，也就增加了无人机自身的质量，无人机克服自重需要的拉力就更大。因此是否一定要使用涵道，或是涵道的材料如何选择都需要仔细斟酌。

多旋翼无人机感度参数如表 8－1 所示。

表 8－1　多旋翼无人机感度参数　单位：%

参数		机架型号		
		S900	F450	F550
基本感度	俯仰	100	95	110
	横滚	100	95	100
	航向	100	70	80
	垂直	100	100	100
姿态感度	俯仰	100	160	100
	横滚	100	160	100
最大角速度	俯仰	220	300	300
	横滚	220	300	300

多旋翼无人机机架结构如图 8－3 所示。

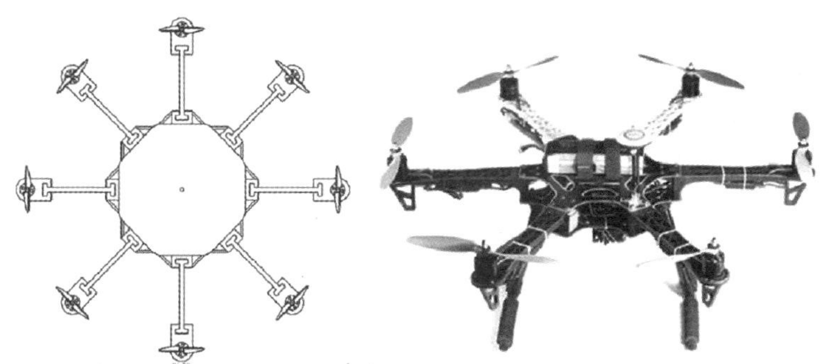

图 8－3　多旋翼无人机机架结构

二、动力系统

动力系统是指为无人机飞行提供动力的系统。多旋翼无人机的动力系统一般分为电动系统与油动系统。在民用和商用领域，多旋翼无人机常用的动力系统为电动系统。电动系统一般由螺旋桨、电机、电调和电池组成。

（一）螺旋桨

1. 相关参数

（1）半径。一般情况下，半径增大拉力随之增大，效率随之提高。所以在结构允许的情况下应尽量选半径较大的螺旋桨。此外要考虑螺旋桨桨尖气流速度不应过大（<0.7 音速），否则可能出现激波，导致效率降低。

（2）桨叶数目。一般情况下，螺旋桨的拉力系数和功率系数与桨叶数目成正比。航拍无人机多用两叶桨，穿越机多用三叶桨甚至更多桨叶数目的桨。

（3）叶素。螺旋桨的各个剖面称为叶素。

（4）翼型。螺旋桨的剖面的形状称为翼型。

（5）弦长。螺旋桨的剖面向下的投影长度称为弦长。

（6）螺距。螺旋桨旋转一周，从轴心开始，75% 半径位置截面上升的距离。

螺旋桨性能参数一览如表 8－2 所示。

表 8－2　螺旋桨性能参数一览

电动机	桨型号	电压/V	电流/A	推力/N	转速/(r/min)	功率/W	效率/(g/W)
X2212KV980	1047	11.1	13.2	870	7100	146.5	5.93
	1145	11.1	17.2	960	5853	190.9	5.02
	9047	12	11	740	8400	132	5.6
X2212KV1250	9047	12	19	980	10050	228	4.29
	9047	11	16.8	800	9370	184.8	4.33
	9047	10	14.8	660	8860	148	4.46
X2212KV1400	8040	7	6.5	410	5600	45.5	9.01
	8040	8.5	7.2	500	6200	61.2	8.17
	8040	10	10.8	600	6500	108	5.56

2. 选用原则

在不超负荷的情况下，多旋翼无人机可以更换很多不同的螺旋桨，不同的螺旋桨飞行效果和续航时间大相径庭。螺旋桨选择不合适，会影响飞行稳定性，以及航拍效果、续航时间等。

每个电动机都有一个推荐螺旋桨。螺旋桨配得过小，不能发挥最大推力；螺旋桨配得过大，电动机过热，会使电动机退磁，造成电动机性能的永久下降。

选择螺旋桨时应考虑以下内容。

（1）不同材质的螺旋桨，价格和性能差别较大，应根据实际需要，选择

最适合的螺旋桨。

（2）螺旋桨的型号必须与电动机的型号相匹配，可参考电动机厂家推荐使用的螺旋桨型号。

3. 桨叶生产

多旋翼无人机桨叶的材料一般是塑料和碳纤维的混合物，通过注塑工艺进行桨叶生产。

塑料的桨叶，硬度较低，高速转动时性能损失较大，比较耐摔。

“塑料+碳纤维”的桨叶，硬度较高，高速转动时性能损失较小，中等耐摔。

多旋翼无人机桨叶生产装置结构如图8－4所示，桨叶生产工艺流程结构如图8－5所示。

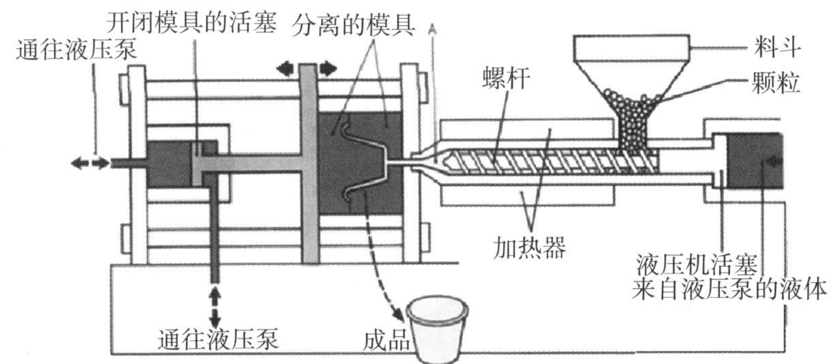

图8－4　多旋翼无人机桨叶生产装置结构

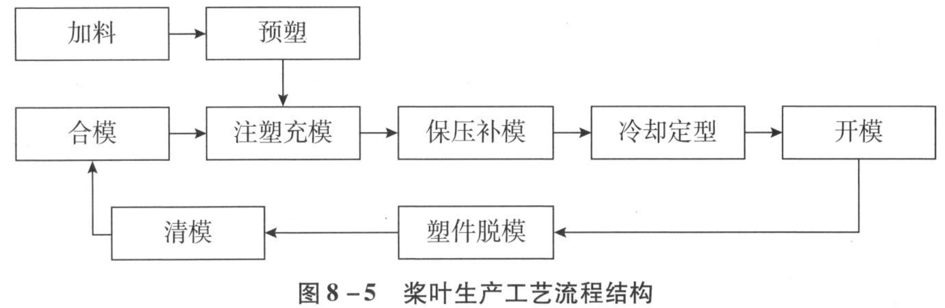

图8－5　桨叶生产工艺流程结构

（二）电机

1. 动力电机结构

动力电机一般是永磁同步电机，其结构如图8－6所示。

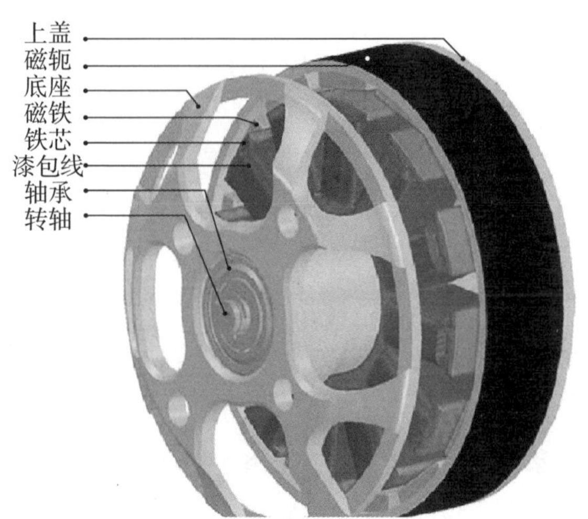

图 8－6　永磁同步电机结构

（1）上盖：材料一般是铝（为了减重）或者和磁轭冲压一体成型的钢。

（2）磁轭：材料一般是磁导率较高的钢，作用是把磁铁的磁感线尽量封闭在电机内，提高磁能的利用率。

（3）底座：材料一般是铝，表面积越大越利于电机散热。

（4）磁铁：材料一般是烧结钕铁硼，在同等的条件下，即相同尺寸、相同极数和相同的充磁电压下，磁能积高的磁件所获得的表磁也高。

（5）铁芯：由一片一片硅钢片冲压而成，每层之间绝缘，然后用铆钉连接，这样做是为了减小铁损。硅钢片常见厚度为 0. 2mm、0. 35mm、0. 5mm。厚度越小，铁损越小，成本越高。铁芯外层要绝缘，一般有绿色涂覆层，或者塑料绝缘架。

（6）漆包线：漆包线绕在铁芯上构成定子绕组，绕线一般分为三角形接法和星形接法，在绕线线径以及匝数一样的情况下，三角形接法的 *KV* 值是星形接法的$\sqrt{3}$倍。

（7）轴承：一般用滚珠轴承或者含油轴承。滚珠轴承相对于含油轴承来说，运动摩擦力小，寿命长，但是价格贵。

2. 动力电机损耗

动力电机损耗一般分为铁损、铜损和摩擦损耗。铁损又可以分为涡流损耗和磁滞损耗，频率越高铁损越大，铁芯硅钢片的厚度越大铁损越大。铜损

为电流在定子绕组中产生的热损耗，与通入绕组中的电流和绕组的电阻有关。摩擦损耗，包含转轴与轴承之间摩擦产生的损耗等。

3. 动力电机特性曲线

相同电压下，电调输出100%，调节负载的大小，测得电机的 $T-n$ 曲线：同一电机，相同的 KV 值下，如果输入的电压改变，$T-n$ 曲线就是平行线。电机改绕线对特性曲线的影响：同一电机，相同的输入电压，如果改绕线导致 KV 值变化，$T-n$ 曲线还是平行线。因为反电动势 $E=nBLv$，相同输入电压的情况下，匝数 n 变化 x 倍，最大转速 v 变化 $1/x$ 倍。保证槽满率不变，匝数 n 变化 x 倍，则单根绕线的面积变化 $1/x$ 倍。单根绕线电阻变化 x 倍，匝数 n 变化 x 倍，则绕线电阻总共变化 x^2 倍，转速为 0 时，输入电压全部加到绕线上，$I=U/R$，则电流变化 $1/x^2$ 倍，扭矩 $T=nBIL$，则扭矩 T 变化 $1/x$ 倍。所以同一电机改绕线，$T-n$ 曲线还是平行线。不同电机，$T-n$ 曲线是斜率不同的线。电机 $T-n$ 曲线结构如图 8－7 所示。

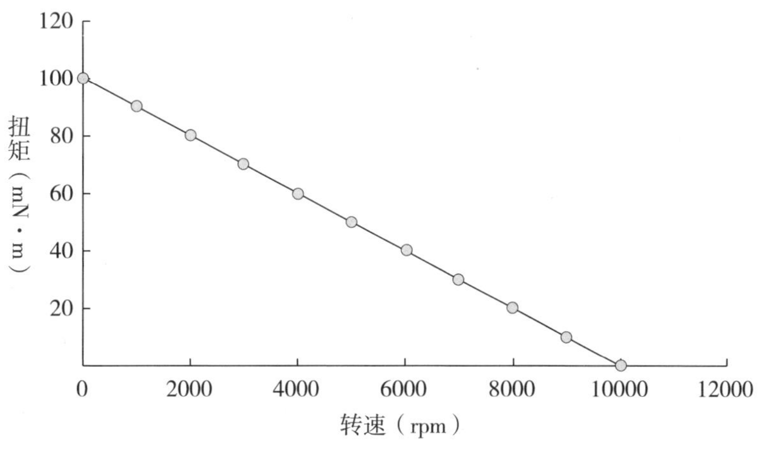

图 8－7 电机 $T-n$ 曲线结构

那为什么要改电机绕线？保证槽满率不变，以保证效率不发生变化，仅适配电压。例如：某无人机原在 8V 时悬停，如果想使其在 16V 时悬停，则需要把 KV 值减半，增加一倍线圈匝数。

4. 电机槽满率

电机槽满率越高，效率越高，槽满率不变的话，改绕线效率不变。因为槽满率反映了槽中的铜截面积。保证槽满率不变，匝数 n 变化 x 倍，则单根

绕线的面积变化 $1/x$ 倍，单根绕线电阻变化 x 倍，绕线电阻总共变化 x^2 倍。为了达到相同扭矩，$T=nBIL$，电流要变化 $1/x$ 倍，铜损为 I^2R，则铜损不变。负载不变的情况下，转速不变，铁损不变，则效率不变。

电机加高的影响如下。高度变化 x 倍，绕线不变的情况下，$T=nBIL$，相同电流的情况下，扭矩 T 变化 x 倍。高度变化 x 倍，但是因为绕线绕进槽内有弯折的部分不变，绕线增长不超过 x 倍，电阻增加不超过 x 倍，相同工作点（T，v），电流变化超过 $1/x$ 倍，铜损 I^2R 减少超过 $1/x$ 倍。若电机运行工况下铜损占主导，则加高电机明显减少损耗，提升效率。电机加高，表面积增大，有利于降温。电机加高，质量增加，相同热量产生的温升下降。云台电机几乎都是铜损，加高电机的好处更明显。

（三）电调

电调（全称电子调速器，英文简称 ESC）等同于无人机的油门。它的作用就是对飞行控制器的控制信号进行接收、放大，并将接收的速度控制指令和速度反馈信息整合，进而控制无刷电机的转速。多旋翼无人机通过无刷电调控制多个电机相互配合来实现姿态修正。多旋翼无人机上的螺旋桨、电机和电调如图 8－8 所示。

图 8－8　多旋翼无人机上的螺旋桨、电机和电调

1. 电调的作用

（1）电调基本作用是通过飞控板给定 PWM（脉冲宽度调制）信号进行电动机调速。

（2）为遥控接收机上其他通道的舵机供电。

（3）为飞控供电。

（4）充当换相器的角色，无刷电动机没有电刷进行换相，需要靠电调进行电子换相。

（5）其他，如电池保护、启动保护和刹车等。

2. 电调的指标参数

多旋翼无人机电调指标参数主要有电流、内阻、刷新频率、可编程特性和兼容性。

（1）电流。无刷电调最主要的指标参数是电调的持续电流，单位为安培（A），如 10A、20A、30A。不同电动机需要配备不同电流的电调。无刷电调电流参数有持续电流和瞬时电流，前者表示正常时的电流，后者表示电调能承受的最大电流。

选择电调型号时要注意电调最大电流应满足要求，并留有足够的安全余量，以避免烧坏功率管。

（2）内阻。电调具有相应内阻，需注意其发热功率。电调电流可达到几十安培，大规格电调内阻一般都比较小。

（3）刷新频率。电动机的响应速度与电调的刷新频率有关系。在多旋翼无人机之前，电调多为航模而设计，航模上的舵机由于结构复杂，通常工作频率最大为 50Hz，电调的刷新频率也多为 50Hz。多旋翼无人机不使用舵机，而是由电调直接驱动，其响应速度远超舵机，目前高速电调可支持 500Hz 的刷新频率。

（4）可编程特性。通过内部参数设置，达到最佳的电调性能。以下 3 种方式可对电调参数进行设置：通过编程卡直接设置电调参数；通过 USB（通用串行总线）连接，用计算机软件设置电调参数；通过接收机，用遥控器摇杆设置电调参数。设置的参数包括电池低压断电电压、限定电流、刹车模式、油门控制模式、切换时序、断电模式、启动模式以及 PWM 模式等。

（5）兼容性。电调和电动机兼容性不好，会发生堵转现象，即电动机不能转动。

3. 电调驱动

电调的核心硬件电路是三相逆变桥，通过不同时刻开通三相逆变桥中不同的功率管，把电池提供的直流电转变成交流电，送给电机。

电子调速器把从锂聚合物蓄电池传来的信号转变为交变方波。无刷电机是三相，每一相位瞬时值都是变化的，任一时刻都存在高电势、低电势。电调可以通过逻辑电路板向电机发送指令。电调驱动主要包括方波驱动和正弦波驱动。

（1）方波驱动。方波是数字信号，控制元件工作在开关状态。方波驱动具有电路简单、容易控制、发热少等优点。

（2）正弦波驱动。正弦波属于模拟信号，模拟信号控制相对复杂，且控制元件工作在放大状态，发热严重。但正弦波驱动在运行平衡性、调速范围和减少噪声及震动等方面要比方波驱动好。

4. 电调与电机和飞控的连接方式

（1）电调的输入线（最粗的红黑线）与电池连接。

（2）电调的输出线（有刷两根、无刷三根）与电机连接。

（3）电调的信号线（最细的线）与飞控连接。

有些电调有电源输出功能，即在信号线的正负极之间，有5V左右的电压输出，通过信号线为接收机供电，接收机再为舵机等控制设备供电。

电调的输出电流必须大于电机的最大电流。

电调参数一览如表8－3所示。

表8－3　电调参数一览

型号	持续电流/A	瞬时电流/A	适用锂电池节数/节	长（mm）×宽（mm）×高（mm）	质量（g）	线性模式BEC
ESC－3A	3	4	1	11×13×4	0.7	无
ESC－7A	7	9	1～2	22×12×5	5	1A/5V
ESC－12A	12	15	1～3	22×17×7	8	1A/5V
ESC－20A	20	25	2～3	55×28×7	28	2A/5V
ESC－25A	25	30	2～4	50×28×12	31	2A/5V
ESC－30A－Ⅰ	30	40	2～4	50×28×12	34	2A/5V
ESC－30A－Ⅱ	30	40	2～4	59×28×12	36	3A/5V
ESC－35A	35	45	2～4	59×28×12	38	3A/5V
ESC－40A	40	50	2～5	58×58×11	35	3A/5V
ESC－40A－UBEC	40	50	2～5	58×28×11	35	开关模式
ESC－45A	45	55	2～5	58×28×11	35	3A/5V
ESC－45A－UBEC	45	55	2～5	58×28×11	35	开关模式

续 表

型号	持续电流/A	瞬时电流/A	适用锂电池节数/节	长（mm）×宽（mm）×高（mm）	质量（g）	线性模式 BEC
ESC－50A	50	65	2～5	58×28×15	44	3A/5V
ESC－50A－UBEC	50	65	2～5	58×28×15	44	开关模式
ESC－60A	60	80	2～6	63×28×18	51	3A/5V
ESC－60A－UBEC	60	80	2～6	63×28×18	51	开关模式
ESC－80A	80	100	2～6	63×28×18	60	3A/5V
ESC－80A－UBEC	80	100	2～6	63×28×18	60	开关模式
ESC－100A	100	120	3～6	96×55×21	130	无
ESC－120A	120	150	3～6	96×55×21	150	无
ESC－150A	150	180	3～6	96×55×21	180	无
ESC－100A－HV	100	120	3～10	96×55×21	160	无
ESC－120A－HV	120	150	3～10	96×55×21	180	无

（四）电池

1. 电芯的结构

一个电芯由很多很薄的单元组成，每个单元包括铜极（集流器，负极）、负极活性材料（石墨）、高分子聚合物的隔膜、正极活性材料（过渡金属氧化物）、铝极（正极）。多个单元堆叠或者卷绕可得到一个裸电芯，然后通过铝塑膜封装、加电解液等工序，可得到一个电芯（见图 8－9）。

2. 充放电机理

电池的基本原理：正极发生还原反应，得电子；负极发生氧化反应，失电子。电子经过负载，由负极流向正极，形成方向从正极到负极的电流。

放电时，锂原子变为锂离子和电子，电子通过外部导体从负极流向正极，锂离子在电芯内部通过隔膜流向正极（绝缘，电子不能通过，锂离子可以通过。材料一般是聚丙烯或聚乙烯）。

电子和锂离子在正极重新结合。当负极的锂几乎全部跑到正极时，电池电量用完。

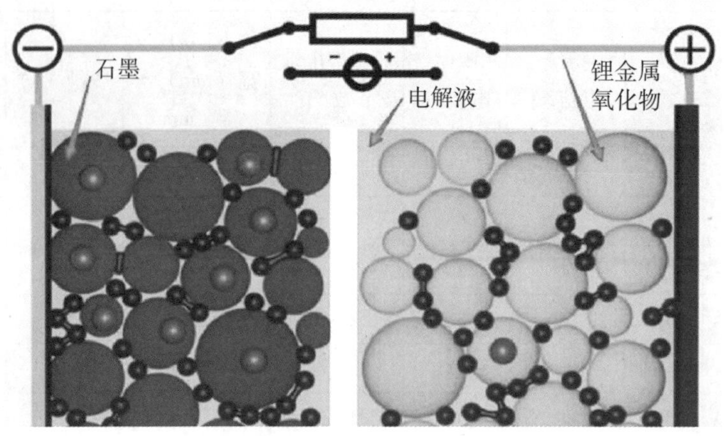

图 8－9　电池电芯结构

3. 电芯核心参数

（1）容量：容量的单位一般为“mAh”（毫安时）或“Ah”（安时），在使用时又有额定容量和实际容量的区别。额定容量是指充满的锂离子电池在实验室条件下（比较理想的温湿度环境），以某一特定的放电倍率放电到截止电压时，所能够提供的总电量。实际容量一般都不等于额定容量，它与温度、湿度、充放电倍率等直接相关。一般情况下，实际容量比额定容量小一些，有时甚至比额定容量小很多，比如北方的冬季，如果在室外使用手机，电池实际容量会迅速下降。

（2）能量密度：单位体积或单位重量的电池，能够存储和释放的电量，其单位有两种——Wh/kg 和 Wh/L，分别代表重量比能量和体积比能量。这里的电量，是上面提到的容量（Ah）与工作电压（V）的积分。在应用的时候，能量密度这个指标比容量更具有指导性意义。

（3）充放电倍率：会影响锂离子电池工作时的连续电流和峰值电流。如某电池的额定容量是 10Ah，其额定充放电倍率是 1C，表示这个型号的电池可以以 10A 的电流进行反复充放电，一直到充电或放电的截止电压。如其最大放电倍率是 10C@10s，最大充电倍率是 5C@10s，表示该电池可以以 100A 的电流进行持续 10 秒的放电，以 50A 的电流进行持续 10 秒的充电。

（4）电压：锂离子电池的电压，有开路电压、工作电压、充电截止电压、放电截止电压等。开路电压是电池外部不接任何负载或电源，测量出的电池正负极之间的电位差。工作电压是电池外接负载或电源，处在工作状态，有电流流过时，测量所得的正负极之间的电位差。由于电池内阻的存在，放电状态时的工作电压低于开路电压，充电状态时的工作电压高于开路电压。充/放电截止电压是指电池允许达到的最高和最低工作电压。若电压在充/放电截止电压范围外，会对电池产生一些不可逆的损害，导致电池性能的降低，严重时甚至造成起火、爆炸等安全事故。

（5）寿命：锂离子电池的寿命会随着使用和存储时间增长而逐步衰减，并且会有较为明显的表现。以智能手机为例，使用过一段时间后，可以感觉到手机电池“不耐用”，开始可能一天只充电一次，后面可能需要一天充电两次，这就是电池寿命不断衰减的体现。

锂离子电池的寿命分为循环寿命和日历寿命。循环寿命以次数为单位，表征电池可以循环充放电的次数。具体指在理想的温湿度下，以额定的充放电电流进行深度充放电，如 100% DOD（放电深度）或者 80% DOD，计算电池容量衰减到额定容量的 80% 时，所经历的循环次数。

日历寿命的定义比较复杂，电池不可能一直在充放电，有存储和搁置的情况，也不可能一直处于理想环境条件，会经历各种温湿度条件，充放电的情况也是时刻在变化的，所以想得到实际的使用寿命就需要模拟和测试。日历寿命就是电池在使用环境条件下，经过特定的使用工况，达到寿命终止条件（比如容量衰减到 80%）的时间跨度。日历寿命与具体的使用要求是紧密结合的，通常需要规定具体的使用工况、环境条件、存储间隔等。

（6）工作温度范围：由于锂离子电池内部化学材料的特性，锂离子电池有一个合理的工作温度范围（常见的数据为 -40 ~60℃），如果工作温度在合理的范围之外，锂离子电池的性能会出现较大的变化。不同材料的锂离子电池，其工作温度范围也是不一样的，有些具有良好的高温性能，有些则能够适应低温条件。锂离子电池的工作电压、容量、充放电倍率等参数都会随着温度的变化而发生非常显著的变化。长时间高温或低温使用，也会使得锂离子电池的寿命加速衰减。因此，努力创造一个适宜的工作温度范围，才能够最大限度提升锂离子电池的性能。除了工作温度有限制之外，锂离子电池的存储温度也是有严格要求的，长期高温或低温存储，都会对电池性能造成不可逆的影响。

4. 过充、过放、充电电流过大的问题

（1）过充。当电压高于 4.2V 时，正极材料里面的锂原子数量减少，储存原子的结构就会坍塌，并且是永久性、不可逆的。如果继续充电，那么在负极已经塞满了锂离子的情况下，锂离子就会在负极表面与电子生成锂金属，也就是枝晶，这些枝晶会刺穿隔膜，造成短路。过充还会让温度升高，温度超过 180℃，电解液会分解，产生大量的气体和热量，壳体会膨胀，壳体破裂后，氧气进入其中与锂金属发生剧烈反应，可能导致爆炸。

（2）过放。锂离子电池在长期的存储过程中会面临着自放电过大的风险，特别是在较低的开路电压下，自放电过大可能导致锂离子电池的电压过低，引起负极的铜箔溶解等风险，溶解的铜元素在充电的过程中会再次在负极表面析出，产生的金属铜枝晶可能会刺穿隔膜，引起电池短路，因此过放或者电压过低都会导致锂离子电池彻底失效。过放也会导致阴极的石墨结构坍塌，永久性导致电池容量变低。

（3）充电电流过大。负极的动力学条件差时，负极无法接收大量的锂离子，锂离子就会在负极表面与电子生成锂金属枝晶，和过充类似。

5. 电芯阳极材料

人们常常会说到三元锂电池或者铁锂电池，这些都是按照正极活性材料来给锂电池命名的。一些常见的电池材料有钴酸锂、锰酸锂、镍钴锰酸锂（NMC）、镍钴铝酸锂（NCA）、磷酸铁锂。

钴酸锂在高比能量方面表现出色，但在功率特性、安全性和循环寿命方面只能提供一般的性能表现。

锰酸锂热稳定性高，安全性高，但循环和日历寿命有限，低电池内阻可实现快速充电和大电流放电，整体性能一般。纯锰酸锂电池不多，大多数情况是锰酸锂与 NMC 混合，以提高比能量并延长寿命。

可以说，最成功的锂离子体系是 NMC 的阴极组合，镍以其高比能量而闻名，但稳定性差；锰尖晶石结构可以实现低内阻但比能量低。NMC 中两种活性金属优势互补，具有良好的整体性能，并且在比能量方面表现出色。

磷酸铁锂主要优点是高额定电流和长循环寿命，热稳定性良好，增强了安全性和对滥用的容忍度；但比能量较低。

6. 电池保护板

俗称 BMS，也叫电池管理系统，其结构如图 8 – 10 所示。一般的功能包括电池状态估计、电池充放电管理、电池间的均衡。下面主要介绍电池状态估计与电池间的平衡。

图 8－10　电池管理系统结构

（1）电池状态估计。电池状态包括电池温度、SOC（荷电状态）、SOH（健康状态）、SOS（安全状态）、SOF（功能状态）及 SOE（可用能量状态）。电池温度估计是其他状态估计的基础，SOC 估计受到 SOH 的影响。SOF 由 SOC、SOH、SOS 以及电池温度共同确定，SOE 则与 SOC、SOH、电池温度、未来工况有关。

（2）电池间的均衡。生产制造和使用过程的差异性，造成了动力电池单体天然存在不一致性。不一致性主要表现在单体容量、内阻、自放电率、充放电效率等方面。单体的不一致，传导至动力电池包，必然带来了动力电池包容量的损失，进而造成寿命的下降。有研究表明，单体电芯 20% 的容量差异，会带来电池包 40% 的容量损失。电池单体的不一致，会随着时间的推移，在温度以及震动条件等随机因素的影响下使电池包寿命情况进一步恶化。趋势无法逆转，但可以干预，即降低它的恶化速率。方法之一就是通过电池管理系统对电芯实施均衡。

一是被动均衡：运用电阻器，将高电压或者高荷电量电芯的能量消耗掉，以达到减小不同电芯之间差距的目的，是能量的消耗。

二是主动均衡：运用储能器件等，将荷载较多能量的电芯部分能量转移到能量较少的电芯上去，是能量的转移。

三、飞控系统

飞控系统即飞行控制系统，类似于电脑的操作系统。飞控系统内置陀螺仪、加速度计、气压计，外置磁力计、GPS 传感器等，利用传感器的数据对无人机的姿态进行感应并修正。飞控系统的好坏决定了无人机的性能。

陀螺仪对无人机的角度进行感应，加速度计则感应加速度。两者合称惯导（惯性导航）。气压计对无人机的高度进行感应，磁力计是无人机的指南针，GPS 是为无人机进行定位的。

无人机飞控系统的性能受硬件影响，但主要还是受飞控算法影响。元器件感应数据在实际飞行过程中会产生很多偏差，形成很多数据，如果飞控算法不能及时将这些数据过滤掉，无人机飞行过程中就会不稳定。飞控的滤波算法从直观的角度来看，主要体现在水平精度和垂直精度的修正（水平精度是在一定时间内水平位置的偏移量，垂直精度就是垂直位置的偏移量）。

飞控的滤波算法主要作用在于清除掉偏移量过大的信号并对有用的信号进行解算，保证无人机飞行姿态稳定。目前市面上的无人机都需要一个控制器（遥控器或者手机软件）进行控制，无人机的飞控算法，主要体现在控制手感和刹车姿态及刹车距离上。控制手感实质是使用者对无人机进行操控的时候是否“顺手”。无人机的刹车姿态主要是看刹车的过程中机身的摇晃程度、是否偏离原来的航线，机头航向角度偏转量。刹车距离反映无人机对操作信息的灵敏度。无人机的飞控算法决定无人机的技术性能、操作灵敏度。飞控算法的滤波算法和控制算法决定了无人机的操控手感以及抗干扰能力等。

飞行控制系统分为开源飞行控制系统和闭源飞行控制系统，其实闭源飞行控制系统也大多数是从开源飞行控制系统演变过来的。

（一）飞控系统的功能

（1）实时姿态解算。拟采用“MPU6050 + IST8310（磁力计） + SPL06 - 01/MS5611（气压计）”的 IMU（惯性传感器）配置，采用 I2C/SPI 总线进行实时传感器数据获取，并进行数据融合（互补滤波/卡尔曼滤波）得到实时的姿态角和姿态角速度数据。

（2）姿态控制。使用 PID 控制器，根据姿态角误差产生期望的控制量。

（3）位置估计。使用超声波和气压计融合的方式获取无人机当前高度，使用光流传感器来得到无人机的平动速度。

（4）位置控制。通过位置误差产生期望的姿态角，无人机跟踪期望姿态角，从而消除位置误差。

（5）电机控制。根据姿态信息，通过 PID 控制器产生实时的控制量，使用定时器产生不同占空比的 PWM 波来控制旋翼电机转速。

（6）实时通信。使用数传将无人机的飞行数据实时回传到地面站。

（7）姿态模式。只开启姿态自稳功能。

（8）定高模式。使用“姿态自稳 + 定高控制”，在保持姿态稳定的基础上加入高度闭环控制，使无人机达到高度稳定的效果。

（9）定点模式。使用“姿态自稳 + 定高控制 + 位置控制”，无人机三个通道的位置均闭环控制，达到定点的效果。

（10）飞行状态实时显示。通过 LED（发光二极管）模块显示无人机实时飞行状态。

（二）硬件

硬件接口：某无人机部分硬件接口如表 8－4 所示。

机械参数：估计尺寸为 6.5cm×4.5cm×2.5cm。

器件选型：某无人机部分器件选型如表 8－5 所示。

表 8－4　某无人机部分硬件接口

接口	信号	连接模块	说明
电源	GND/＋24V	MCU（微控制单元）	底板电源总线
SWD	GND/＋3.3V/SWDIO/SWCLK	MCU	更新 MCU 程序
USART	GND/＋5V/RX/TX	外部	调试/光流与超声波/数传/SBUS
I2C	GND/＋5V/SCL/SDA	IMU	获取传感器的原始数据
PWM	GND/PWM	电机	输出 PWM 信号、驱动电机

表 8－5　某无人机部分器件选型

序号	型号	功能	备注
1	STM32F407VET6	MCU	LQFP100
2	CAT6219－330TD－GT3	5.5V 转 3.3V	
3	MPU6050	姿态测量	
4	IST8310	磁力计	
5	SPL06－001	压力计	

续 表

序号	型号	功能	备注
6	74LVC2G240	反相器	
7	TVS	PESD0603 - 240	防静电 EMI
8	8M 晶振		贴片
9	LED	电源指示灯	
10	MP1593	电源转换	

（三）软件

软件功能如下。

（1）通过姿态解算，得到实时的无人机姿态角和姿态角速度信息。

（2）通过扩展传感器模块，得到实时的无人机位置信息。

（3）通过 SBUS 通信模块，获得遥控器的各个通道值。

（4）通过 PID 控制器控制无人机的姿态和位置。

（5）通过 LED 模块实时显示无人机所处的状态，操控者能在无人机在视距内较远处飞行时得到实时反馈。

（四）接口定义

（1）IMU 模块。输入 IMU 原始测量数据；输出三轴姿态角和姿态角速度、气压高度。

（2）扩展传感器模块。输出无人机的高度和位置信息。

（3）BEC 模块。输入 25. 2V 电源电压；输出 5V 电压。

（4）电机控制模块。输入当前时刻姿态角；输出 PID 控制器生成的 PWM 波控制量。

（5）SBUS 通信模块。输入 SBUS 接收机原始数据；输出遥控器各个通道的值。

（6）数传通信模块。输入无人机当前时刻的姿态、速度、位置等信息；输出无人机信息转换后符合数传协议的数据。

（7）LED 模块。输入无人机当前时刻的状态；输出显示与该状态对应颜色的灯光信号。

（五）测试方法

针对每个模块先进行功能测试，在确保各模块功能正常后，进行整块板子的测试。

IMU 模块的测试：使用串口输出解算的姿态角，观察输出的信息是否准确，是否存在延时。

SBUS 模块的测试：将 SBUS 输入接口采集到的数据打印至串口，使用串口调试助手观察采集到的 SBUS 信号是否正常，确保正常后进行下一步的 SBUS 信号解析工作。

电机控制模块的测试：使用示波器观察 PWM 输出是否正常，转动传感器观察 PWM 波形是否有对应的变化，是否存在延迟。

数传通信模块的测试：首先观察数传输出串口是否有稳定且正确的输出；其次连接好整个数传链路，观察地面站能否接收到正确的信息。

（六）主要模块

1. 主控制器

主控制器是飞控系统的计算机。它是飞控系统计算与控制飞行器的核心部件。它具有姿态稳定与控制、导航与制导控制、自主飞行控制、着陆控制等基本功能。目前常用的无人机主控芯片为意法半导体的 STM32 系列（其结构见图 8－11），其运算速度以及众多的外围接口电路很适合用于对小型无人机的实时控制，如 PIXHAWK 飞控（其主控面板见图 8－12）。

图 8－11　STM32 结构

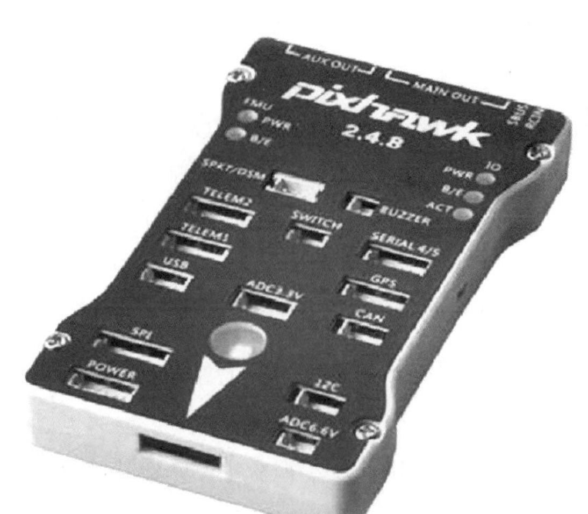

图 8－12　PIXHAWK 飞控主控面板

2. IMU

IMU 是测量物体三轴姿态角（角速度）以及加速度的装置。一般情况下，IMU 包含了三个单轴的加速度计和三个单轴的陀螺仪，加速度计测量物体在载体坐标系统独立三轴的加速度信号，而陀螺仪检测载体相对于导航坐标系的角速度信号，测量物体在三维空间中的角速度和加速度，并以此解算出物体的姿态。IMU 在导航中有着很重要的应用价值，在无人机系统中，通过 IMU 可以解算出无人机的实时姿态与导航、输出信号给主控制器，进而控制机体的姿态，进行导航。在工业级无人机中，飞控系统常常采用 2 套甚至 3 套 IMU。当其中一套发生故障时，系统会自动采用其他 IMU 的传感器数据。

3. GPS 模块

GPS 模块可测量多旋翼无人机当前的经纬度、高度、地速等信息。一般 GPS 模块中包含地磁罗盘（三轴磁力计），用以测量无人机当前的航向。

GPS 模块是无人机采集位置信息，获得导航方位的专用仪器。GPS 是利用定位卫星，在全球范围内实时进行定位、导航的系统。GPS 能为全球用户提供低成本、高精度的三维位置、速度等导航信息。在飞控系统中加装 GPS 模块，可提供飞行器实时位置信息，为飞行器飞行提供参考。IMU 与 GPS 模块如图 8－13 所示。

图 8－13 IMU 与 GPS 模块

4. 电源模块

电源模块是为无人机飞控系统提供稳定电力来源的仪器。电源是飞控系统的一个关键部件，电源模块一般为 5V、15V 等电压等级的直流电源。而无人机的电源根据无人机的型号不同区别较大。现在普遍使用的集成开关电源模块如图 8－14 所示。

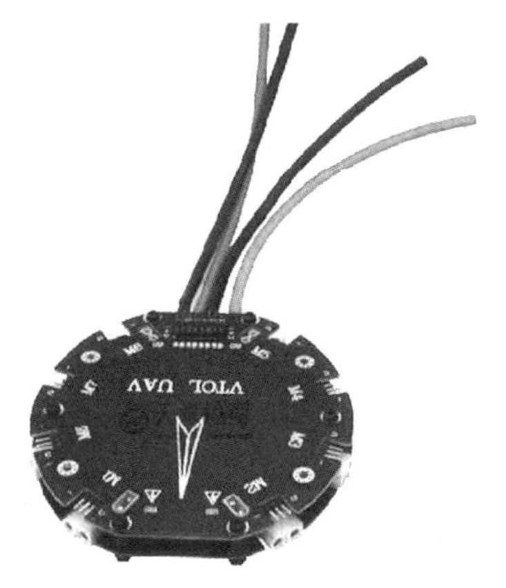

图 8－14 电源模块

5. 指示灯

指示灯是为了方便操纵者实时查看飞行器的状态情况而特别设计的。不同厂家的飞行控制器指示灯的指示意义不同，使用时应参考说明书。

四、遥控系统

（一）遥控器

无人机的遥控器就像电视机遥控器、空调遥控器一样，使用者可以不用接触到被控设备，而通过一个手持器件，使用无线电与被控设备进行通信，从而达到对设备的控制。遥就是远距离，控就是可以控制设备，器指的是一个电子器件。

遥控器主要由发射器与接收机两部分组成。遥控器上的控制杆将相关操作信息转换为无线电波发送给接收机，而接收机接收无线电波，读取遥控器上控制杆的操作数据，并将其转换为数字信号发送到无人机的控制器中。

（二）无线通信

目前用于无人机遥控器主流的无线电频段是 2.4GHz，这样的无线电波的波长更长，可以通信的距离较远，普通 2.4GHz 遥控器与接收机的通信距离在空旷的地方约为 1 千米。2.4GHz 无线技术如今已经成了无线产品的主流传输技术。

所谓的 2.4GHz 指的是一个工作频段，即 2400MHz ~ 2483MHz，这个频段全世界均可免申请使用。常见的 Wi-Fi、蓝牙、ZigBee（紫蜂）都是使用的 2.4GHz。

Wi-Fi、蓝牙、ZigBee 都是基于 2.4GHz 的，只不过它们采用的协议不同，导致传输速率不同，所以运用的范围就不同。同样是采用 2.4GHz 作为载波，不同的通信协议衍生出的通信方式有着天壤之别。仅仅在每秒传输数据量上，就有着从 1M 到 100M 的差别。

因为无线电波在传输过程中可能遇到干扰或是数据丢失等问题，当接收机无法接收到发射器的数据时，通常会进入保护状态，也就是仍旧向无人机发送控制信号，此时的信号就是接收机收到的遥控器发射器最后一次发射的有效数据。这样因为信号丢失而发送的保护数据通常叫作 failsafe 数据。

关于遥控器与无人机的通信协议也有很多种，常见的数据协议如下。

（1）PWM：需要在接收机上接上全部 PWM 输出通道，每一个通道就要接一组线，解析程序需要根据每一个通道的 PWM 高电平时长计算通道数值。

（2）PPM：按固定周期发送所有通道 PWM 脉宽的数据格式，一组接线，一个周期内发送所有通道的 PWM 值，解析程序需要自行区分每一个通道的 PWM 时长。

（3）SBUS：每 11 个比特位表示一个通道数值的协议，串口通信，但是 SBUS 的接收机通常是反向电平，连接到无人机时需要接电平反向器，大部分支持 SBUS 的飞行控制板已经集成了反向器，直接连接到飞行控制器即可。

（4）XBUS：常规通信协议，支持 18 个通道，数据包较大，串口通信有两种模式，可以在遥控器的配置选项中配置。接收机无须做特殊配置。

（三）操作方式

无人机的遥控器根据操作方式不同可以简单分为两种：美国手和日本手。除了操作方式不同外，遥控器没有什么本质区别。两种遥控器如图 8－15 所示。小众品牌的遥控器如图 8－16 所示。

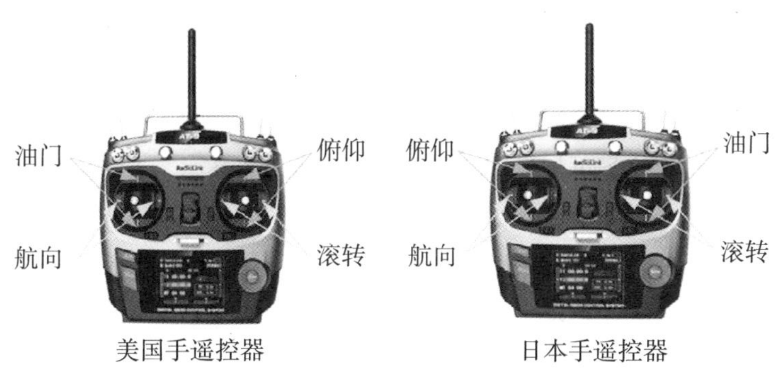

图 8－15　遥控器

（四）辅助通道

主控制面板中的 4 个控制杆分别对应油门、航向、滚转、俯仰。除了这 4 个主控制通道以外，遥控器上还有其他一些控制杆或控制旋钮，用户可自己定义。这些辅助通道从原理上讲没有任何区别，它们通常作为无人机的一些特殊功能开关，例如对云台姿态的控制开关，对照相机快门的控制开关，或是对其他功能的控制开关等。这些辅助通道的读数会由遥控器发送给接收机，接收机将这些数值发送给无人机控制器，再由无人机控制器分辨这些辅助通道的控制量用于控制哪一项功能。

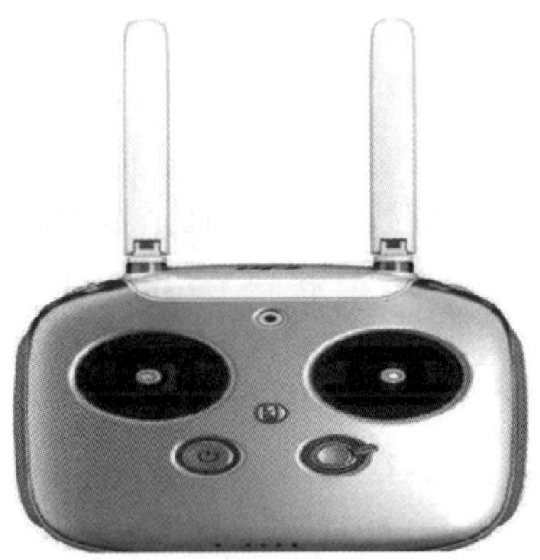

图 8－16　小众品牌的遥控器

五、任务载荷

无人机的任务载荷就是无人机在执行特定的飞行任务时，需要装载的适合执行特定任务的仪器、设备和系统等。无人机任务载荷可用于监控、巡视、架线、投放物品、采样以及通信、实验、中继等。其中用于监控、巡视的光电载荷常见的有可见光载荷、红外热像仪、紫外热像仪、多光谱相机等，无人机在执行不同任务时可根据需要配置光电载荷。

光电载荷的优点如下。

（1）隐蔽性好。光电载荷采用电视或红外工作模式，能够主动或被动接收目标的形状、亮度和热辐射等信息。

（2）探测精度高。光电载荷的测角精度可以达到毫弧度（mrad），而雷达的测角精度一般到°。

（3）图像显示直观。光电载荷的显控台可直接显示目标的几何图像或热图像，也容易实现对目标的自动跟踪。

（4）设备少、质量轻、便于组装。与雷达相比，光电载荷设备少、体积小、质量轻，而且采用模块化结构，便于组装维护，可靠性高。

1. 可见光载荷

无人机搭载的可见光载荷主要分为光学相机和电视摄像机。光学相机是一种经典的光学成像设备，也是最早装在无人机上使用的设备。其最大的优点是具有极高的分辨率，目前其他成像探测器还无法达到。而无人机上使用的电视摄像机应用广泛，其主要优点是体积小、质量轻、灵敏度高、抗冲击

震动和寿命长。该载荷常和红外热像仪组成双光吊舱系统，满足全天候实时图像监测需要。

2. 红外热像仪

无人机搭载的红外热像仪通过探测目标的红外辐射，将目标的红外信息转换为可见光图形，发现并获取目标参数。红外热像仪通常和电视跟踪器、激光测距器等组成综合探测系统，用于探测、跟踪目标，输送目标的方位、仰角、距离信息。在这种综合探测系统中，红外热像仪的主要作用是昼夜探测、监视、跟踪目标。

3. 紫外热像仪

无人机的紫外热像仪是利用特殊的仪器接收放电产生的紫外线信号，经处理后成像并与可见光图像叠加，达到确定电晕的位置和强度的目的，为进一步评价设备的运行情况提供依据。电晕是一种表面局部放电现象，该过程产生的微小热量变化，通常红外检测不能发现。紫外成像仪可以看到的现象往往红外成像仪看不到，而红外成像仪可以看到的现象往往紫外成像仪看不到。因此，紫外成像技术与红外成像技术是互补关系，紫外检测放电异常，红外检测发热异常，原理完全不同，各自具有不可替代的优点。目前无人机搭载紫外热像仪用于以下几个方面。

（1）运行中的绝缘子的劣化以及复合绝缘子及其护套电蚀检测。

（2）高压变电站及线路的整体维护。

（3）支柱式绝缘子上的微观裂纹检测。

（4）悬挂式瓷绝缘子中的零值绝缘子检测。

（5）检查绝缘设备表面的污秽程度。

（6）验收高压带电设备布局、结构、安装、设计是否合理。

（7）检查高压输变电设备上可能搭接的导电物体。

（8）大型发电机定子线棒端部和槽壁电晕放电检测。

4. 多光谱相机

无人机搭载的多光谱相机就是在普通航空照相机的基础上发展而来的，多光谱照相是指在可见光的基础上向红外和紫外两个方向扩展，并通过各种滤光片或分光器与多种感光胶片的组合，可同时分别接收同一目标在不同窄光谱带上所辐射或反射的信息，即可得到目标的几张不同光谱带的照片。

常见的多光谱相机如下。

（1）多镜头型多光谱相机：具有 4 ~ 9 个镜头，每个镜头各有一个滤光片，同时记录几个不同光谱带的图像信息。

（2）多相机型多光谱相机：几台照相机组合在一起，各台照相机分别带有不同的滤光片。

（3）光束分离型多光谱相机：采用一个镜头拍摄景物，用多个三棱镜分光器将来自景物的光线分离为若干波段的光束。

5. 光电吊舱

无人机常用的光电搭载设备是光电吊舱，无人机要在空中完成对目标的探测和跟踪任务，需要一个机载平台和一个搭载在该平台上由探测设备组成的集成系统，在硬件表现形式上称为吊舱。根据内置设备的功能，机载吊舱可以分为导航吊舱、红外测量吊舱、电子干扰吊舱及电子情报吊舱等。

6. 数据传输仪

数据传输仪简称数传，是无人机最重要的机载设备，是无人机与地面站之间的无线数据传输设备。通过数传，用户可以很方便在地面站上实时确定无人机的姿态和位置。数传也可以在校准飞行器的传感器的时候使用，免去 USB 线的使用，非常方便。数传根据使用位置的不同，可分为发射机和接收机，其中发射机位于无人机中，接收机位于地面站系统中，常用的数传频率为 433MHz 和 915MHz，功率从 100mW 到 1000mW 不等。

7. 图像传输仪

图像传输仪简称图传，是无人机给地面站传输图像的专用设备。常见的图传一般为 5. 8GHz、2. 4GHz、1. 2GHz、1. 4GHz 四个频段。5. 8GHz 图传应用最为广泛，各大厂家对 5. 8GHz 图传的方案和电路排版绞尽脑汁，以至于 5. 8GHz 图传在色彩还原上做到了模拟图传的第一。但 5. 8GHz 图传的短板是频率太高，相比其他的频率波长过短，所以极容易被环境干扰。2. 4GHz 图传是最早的图传，它被应用于闭路监控的无线图传解决方案中，随着科技的进步，电视遥控器、汽车遥控器、路由器、门禁系统都会应用 2. 4GHz 频段的信号，2. 4GHz 这个频段被反复开发应用，以至于 2. 4GHz 的图传在当下环境下易被干扰。按无线电使用相关规定，1. 2GHz 频段仅用于航空工业领域，一般不同于民用。但就频率而言，1. 2GHz 频段是已知模拟图传中最低的，但是其绕射最强，传输距离最远。据悉，2015 年，工信部对外开放了 1. 4GHz 图传频段，民用航空允许使用 1440MHz 频率，但其传输距离和穿透力较 1. 2GHz

图传频段差一些。

8. OSD（屏幕菜单式调节方式）

OSD 应用在 CRT（阴极射线管）/LCD（液晶）显示器上，在显示器的荧屏中产生一些特殊的字形或图形，让使用者得到一些信息。其常见于家用电视机或个人计算机的显示屏幕上，当使用者操作电视机换台或调整音量、画质时，电视屏幕就会显示目前状态让使用者知道，OSD 可在屏幕上的任何位置显示一些特殊字形与图形，成为人机界面上重要的信息产生装置。在无人机中，OSD 可以将飞行实时参数叠加到视频中去，例如空速、地速、高度、水平指示灯信息。应用 OSD 可以直观实时观测无人机的状态。

9. 无刷云台

无刷云台是保持影像系统稳定的机械电子结构。通常就是运用云台底部姿态传感器将姿态读出，然后与云台主控传感器的姿态角进行对比，以得出各个轴需要修正的角度，再通过输出信号，使无刷电机迅速做出修正的动作，从而使相机时刻保持水平。

OSD 与无刷云台如图 8－17 所示。

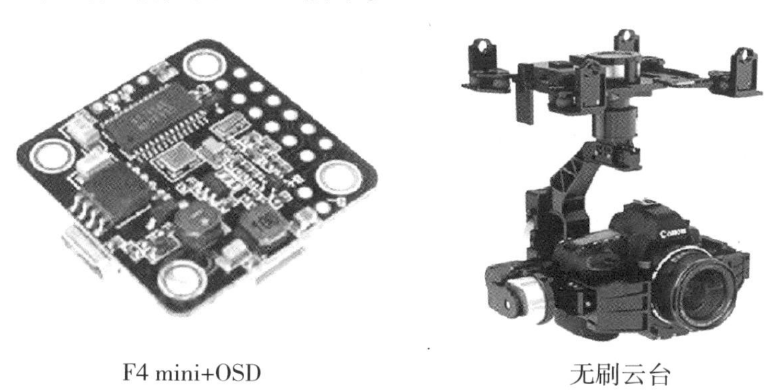

F4 mini+OSD　　　　无刷云台

图 8－17　OSD 与无刷云台

第二节　多旋翼无人机组装材料与组装工具

多旋翼无人机组装材料

在无人机组装中，前期需要准备诸多材料，其中主要包括纤维板、插头、连接线与尼龙柱、热熔胶与焊锡、电动机座灯与尾灯、减震器等，如表 8－6 所示。

表 8－6　　组装材料一览

序号	材料类型	主要材料
1	纤维板	碳纤维、玻璃纤维、塑料、铝合金
2	插头	T 形插头、香蕉插头、XT60 与 XT90 插头、EC 系列插头、JST 插头、XH2. 54/2S 3S 4S 5S 6S 硅胶线平衡充插头
3	连接线与尼龙柱	杜邦线、AWG 硅胶线、尼龙扎带、热缩管、魔术扎带、魔术贴、尼龙柱、铝柱等
4	热熔胶与焊锡	热熔胶、焊锡等
5	电动机座灯与尾灯	LED 座灯、LED 尾灯等
6	减震器	—

一、纤维板、插头

（一）碳纤维、玻璃纤维、塑料、铝合金

在组装无人机时，通常要选择适合的材料，譬如碳纤维、玻璃纤维、塑料、铝合金等。铝合金一般用于连接件上，如管夹、折叠脚架等。多旋翼无人机机体主要采用碳纤维、玻璃纤维、塑料等。材料性能如表 8－7 所示。

表 8－7　　材料性能一览

	碳纤维	玻璃纤维	塑料	铝合金
密度（lb/cu in）	0. 05	0. 07	0. 04	0. 1
刚度（msi）	9. 3	2. 7	0. 38	10. 3
强度（ksi）	120	15～50	8～11	15～75
价格（10 个等级，1 最便宜）	10	4	1	3
加工难易度（10 个等级，1 最容易）	1	3	3	3

（二）T 形插头

两个金属导电部分一个横一个竖形成 T 形的插头称为 T 形插头。T 形插头可防止正负极接反，成对使用，一头凸出的为公头，凹进去的为母头，通常作为电源接头。

（三）香蕉插头

香蕉插头成对使用，一头凸出的为公头，凹进去的为母头，是一种快速插拔的电源插头。根据直径大小有多种型号：2.0mm、3.0mm、3.5mm、4.0mm、4.5mm、5.5mm、6.0mm、8.0mm 等。T 形插头与香蕉插头如图8－18所示。

图 8－18　T 形插头与香蕉插头

（四）XT60 与 XT90 插头

XT60 与 XT90 插头及转换接头如图 8－19 所示。XT60 与 XT90 插头的外形形似，只是尺寸有些不同。

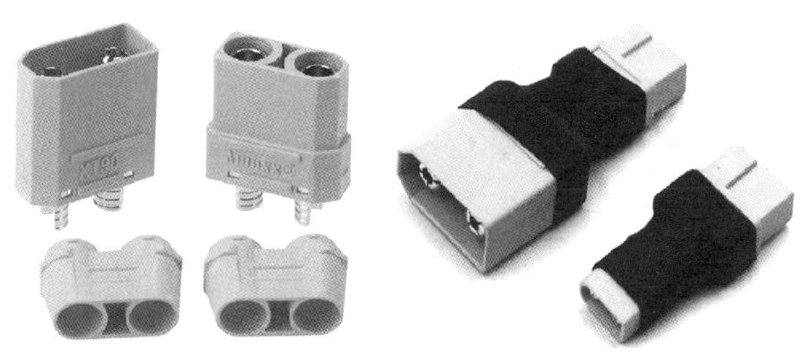

XT60/90插头　　　　转换接头

图 8－19　XT60/90 插头及转换接头

（五）EC 系列插头

EC 系列插头主要有 EC2、EC3、EC5，EC2 使用 2mm 镀金香蕉头，EC3 使用 3.5mm 镀金香蕉头，EC5 使用 5mm 镀金香蕉头。

（六）JST 插头

JST 插头是一种小电流的电源插头，成对使用，正反面形状不一样，也具有防接反功能。EC 系列插头与 JST 插头如图 8－20 所示。

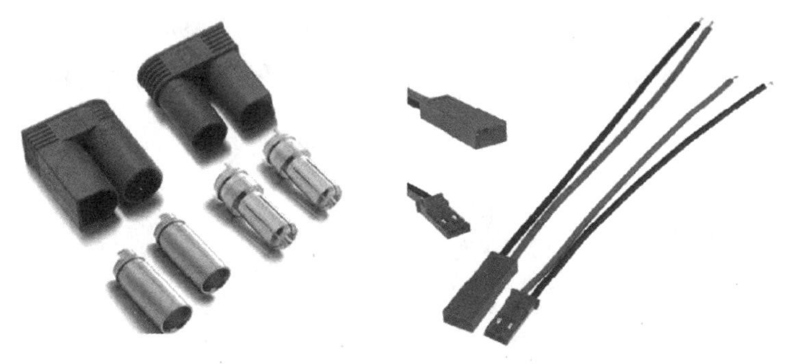

图 8－20　EC 系列插头与 JST 插头

（七）XH2.54/2S 3S 4S 5S 6S 硅胶线平衡充插头

XH 系列插头主要用于锂电池的平衡充电，2S 电池表示两块电芯共 3 根线（包含 1 根地线），3S 电池共 4 根线，以此类推。平衡充插头结构如图 8－21所示。

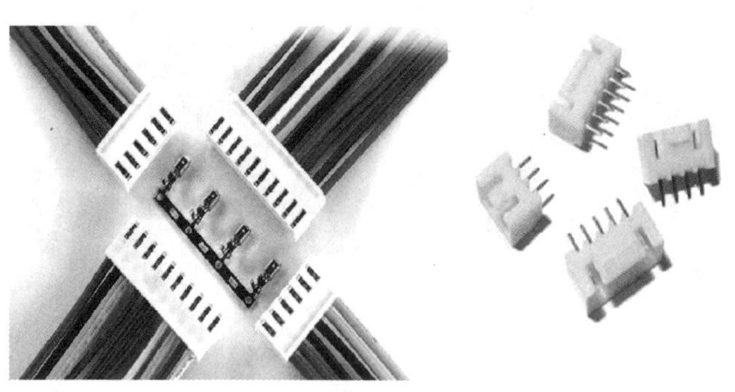

图 8－21　平衡充插头结构

二、连接线、尼龙柱、热熔胶、焊锡

（一）杜邦线

杜邦线有独立一根的，有组合在一起的。无人机常用 3 根组合的 3P 杜邦线，用于飞控和电调的连接、接收机的连接等。

（二）AWG 硅胶线

AWG 硅胶线的特点就是耐高温、线身柔软有弹性、绝缘性能好，在无人机装配中常用作主电源线。型号根据粗细来命名，型号数越大，则线越细，如 24AWG（0.2mm^2）、22AWG（0.33mm^2）、20AWG（0.5mm^2）、18AWG（0.75mm^2）、16AWG（1.27mm^2）、14AWG（2.07mm^2）、13AWG（2.51mm^2）、10AWG（5.3mm^2）。杜邦线与 AWG 硅胶线如图 8－22所示。

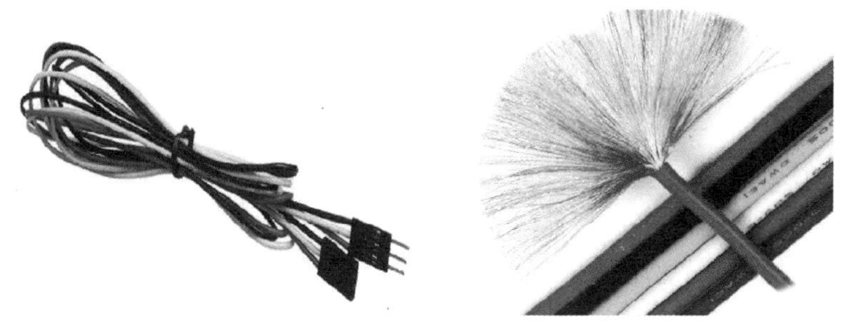

杜邦线　　AWG硅胶线

图 8－22　杜邦线与 AWG 硅胶线

（三）尼龙扎带

尼龙扎带具有良好的耐酸性、耐腐蚀性、绝缘性，不易老化、承受能力强，操作温度为－20～80℃（普通尼龙 66），可用于无人机装调时导线的捆扎、零配件的固定等。其具有绑扎快速、自锁紧固、使用方便等特点。

（四）热缩管

热缩管是一种特制的聚烯烃材质热收缩套管，其具有高温收缩、柔软阻燃、绝缘防蚀功能，广泛用于各种线束、焊点的绝缘保护及金属管、棒的防锈、防蚀等。主要根据内孔直径大小和收缩率对热缩管进行选择。尼龙扎带与热缩管如图 8－23 所示。

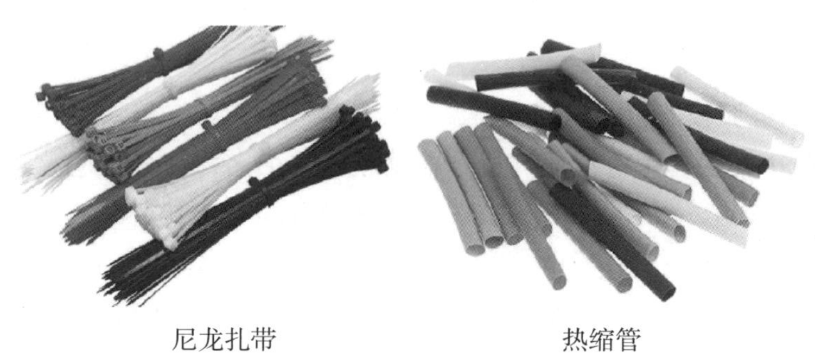

尼龙扎带　　　　热缩管

图 8－23　尼龙扎带与热缩管

（五）魔术扎带

魔术扎带与普通扎带的不同之处在于，普通扎带设计了止退功能，只能越扎越紧；而魔术扎带采取魔术贴制作原理，分公母两面，一面是细小柔软的纤维，另一面是较硬的像小毛钩的东西，一下就贴在一起了。在受到一定的拉力时，魔术扎带上富有弹性的钩被拉直，从绒圈上松胶而打开，然后恢复原有的钩形。魔术扎带主要用于电池的固定。

（六）魔术贴

魔术贴也称尼龙搭扣、魔术粘、魔术毡等，它是一种纤维紧固物。魔术贴通常由两条织物组成，一条表面覆有环状结构，另一条表面覆有钩状结构。当用力压紧两条织物时，钩与环相连接，形成暂时紧固的状态。如希望两者分离，只需用力将其分开即可。装配无人机时可用其粘贴需要常装拆的物品，譬如电池、U－Box 等。魔术扎带与魔术贴如图 8－24 所示。

魔术扎带

魔术贴

图 8－24　魔术扎带与魔术贴

（七）尼龙柱、铝柱

尼龙柱采用优质的尼龙料加工制作而成，无毒、质轻、机械强度优良，具有耐磨性及较好的耐腐蚀性，主要用于固定或隔离电路板与零部件。铝柱采用铝合金制作而成，硬度高，比尼龙柱更牢固可靠，但重量比尼龙柱大，主要作用也是固定或隔离电路板与零部件。尼龙柱与铝柱如图 8－25 所示。

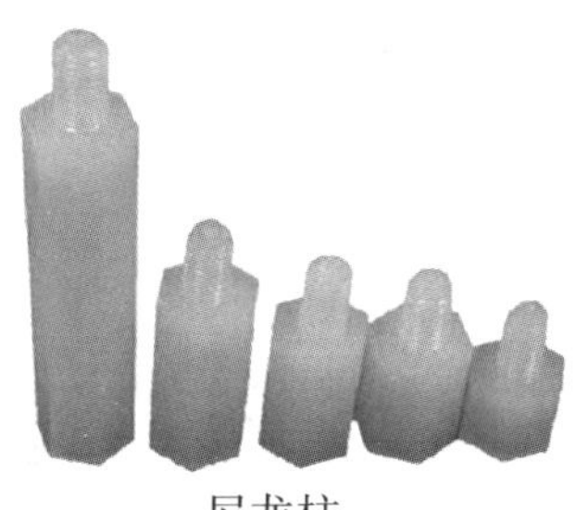

尼龙柱

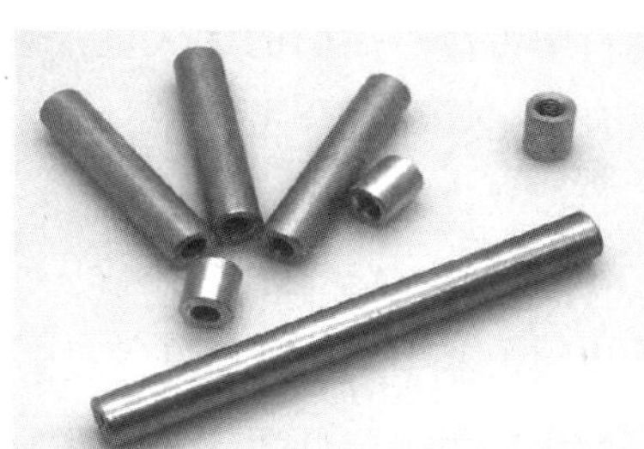

铝柱

图 8－25　尼龙柱与铝柱

（八）热熔胶

热熔胶是一种具有可塑性的无毒无味的绿色环保胶黏剂，在一定温度范围内热熔胶的物理状态随温度变化而变化，而化学特性保持不变。热熔胶应配合热熔胶枪使用。热熔胶可用于塑料、电子元器件、泡沫板的黏合。

（九）焊锡

焊锡是在焊接电路时连接电子元器件的重要工业原材料，广泛应用于电子工业、家电制造业、汽车制造业、维修业和日常生活中，是电子行业中必不可少的材料。

（十）纤维胶带、液体泡沫胶、双面泡沫胶

纤维胶带是用泡沫板固定无人机时常用的胶带，它的主要特点就是便携、快速，可在户外飞行时对损坏的无人机表面进行快速修补。液体泡沫胶是指液体的、专门用来粘贴泡沫板的胶。双面泡沫胶主要用来粘贴各种电子元器件。

三、电气组件与机械组件

（一）电动机座灯与尾灯

电动机座灯、尾灯均用高亮 LED 灯珠制作而成，使用便捷。芯片内置整形电路，信号畸变不会累计，稳定显示，可用于 Naze32、CC3D 和 SP Racing F3 飞控等，能表现飞控锁定/解锁、左右副翼、制动、油门、报警提示等状态，在飞行中可警示后面的无人机，避免撞机。尾灯按照形式可分为独立式尾灯、组合式尾灯和复合式尾灯。

（二）减震器

无人机减震器主要由玻璃纤维或碳纤维和减震球制作而成。

减震器主要用于降低无人机在飞行过程中产生的震动。如果飞控和机架采取刚性连接，这些震动传递给飞控后会直接影响里面的各种传感器，导致飞控误判当前的飞行状态，从而恶性循环，加剧震动，影响飞行，所以给飞控加装减震器是非常必要的。除飞控使用减震器之外，航拍无人机的云台也需要加装减震器。

多旋翼无人机组装工具

在多旋翼无人机组装中，前期应准备的工具主要包括常用组装工具、常用调试工具，如表 8－8 所示。

表 8-8 常用组装与调试工具

工具类型	主要工具
常用组装工具	螺钉旋具、水口钳与斜口钳、剥皮钳、内六角扳手、小型台钳、电烙铁、手电钻、热熔胶枪、锉刀、手工锯等
常用调试工具	万用表、低电量报警器、舵机测试器、示波器、桨平衡器、动力系统测试台等

一、常用组装工具

常用组装工具主要包括螺钉旋具、水口钳与斜口钳、剥皮钳、内六角扳手、小型台钳、电烙铁、手电钻、热熔胶枪、锉刀、手工锯等。

（一）螺钉旋具

螺钉旋具又称“起子”，它用来拧螺钉，按不同的头形可分为一字形、十字形、米字形、星形、方形、六角头和 Y 形头等。其中一字形螺钉旋具、十字形螺钉旋具、六角头螺钉旋具是人们生活中常用的（见图 8-26）。

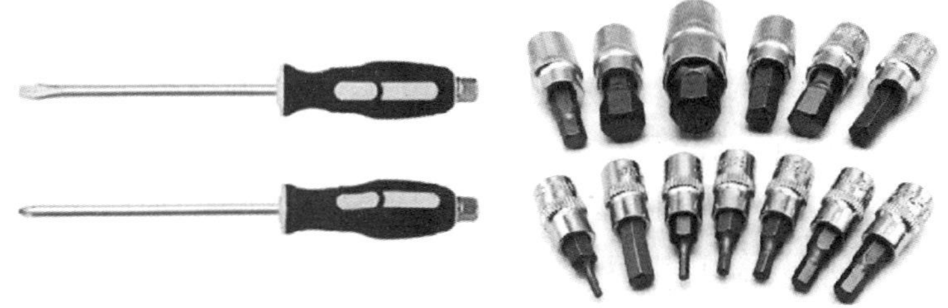

一字形与十字形螺钉旋具　　六角头螺钉旋具

图 8-26 常用的螺钉旋具

（二）水口钳与斜口钳

水口钳用来剪掉多余的线头、电子元器件引脚或扎带。水口钳刃口比较薄且锋利，适用于剪细铜线和塑料橡胶等材料，剪断铜线后切口是平的，剪断塑料后切口是齐整的。斜口钳刃口比较厚，可以剪粗一点的铜线和铁线，剪断后的铜线切口是斜的。斜口钳剪断后的铁线切口呈“ > < ”形，水口钳剪断后的铁线切口则是“I”形。

（三）剥皮钳

剥皮钳是电工、修理工常用的工具之一，用来剥除电线头的表面绝缘层，使电线被切断的绝缘皮与电线分开，剥皮钳的塑料手柄还可以防止触电。水口钳与斜口钳、剥皮钳如图 8－27 所示。

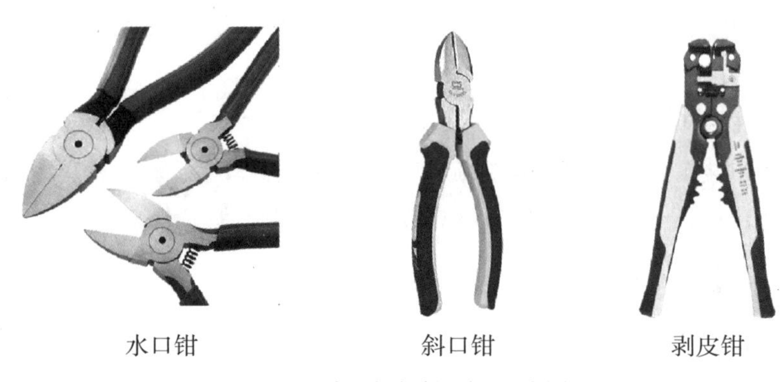

水口钳　　斜口钳　　剥皮钳

图 8－27　水口钳与斜口钳、剥皮钳

（四）内六角扳手

内六角扳手是通过扭矩对螺钉施加作用力，大大降低使用者的用力强度。一字形螺钉、十字形螺钉与内六角螺钉在使用时受力不一样。一字形螺钉、十字形螺钉需要人用力压住螺钉再拧，容易拧花螺钉头；而内六角螺钉则是人将内六角扳手插入螺钉头后施加旋转力，不容易打滑，可以拧得更紧。所以一般受力比较大的地方采用内六角螺钉来连接。

（五）小型台钳

小型台钳又称虎钳、台虎钳，是夹持、固定工件以便进行加工的一种工具，使用十分广泛。台钳为钳工必备的工具，也是钳工名称的来源，因为钳工的大部分工作都是在台钳上完成的，比如锯、锉以及零部件装配和拆卸。台钳安装在钳工台上，以钳口的宽度为标定规格，常见规格为 75 ~ 300mm。台钳一般用于装配车间；小型台钳因体积小、重量轻，可在多种场合使用，可置于工作台、办公桌上，十分方便，在无人机装配时可以用来夹紧碳管、碳纤维板进行简单加工，也可以夹持电子元器件方便焊接。内六角扳手与小

型台钳如图 8－28 所示。

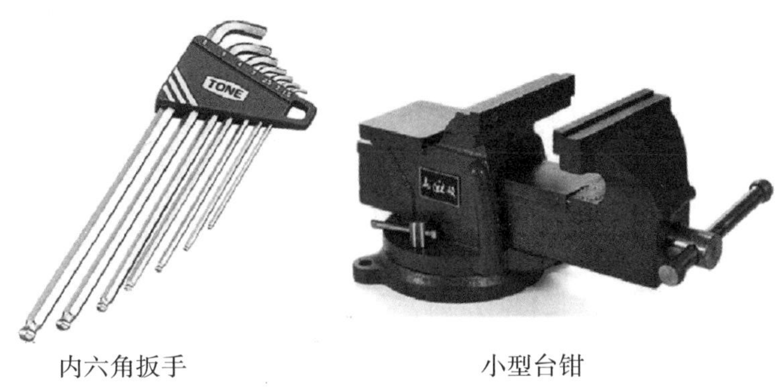

内六角扳手　　　　小型台钳

图 8－28　内六角扳手与小型台钳

（六）电烙铁

电烙铁主要作用是焊接元件及导线，是电子制作和电器维修的必备工具。电烙铁按机械结构可分为内热式电烙铁和外热式电烙铁。按功能可分为无吸锡式电烙铁和吸锡式电烙铁。按用途又可分为大功率电烙铁和小功率电烙铁。

（七）手电钻

手电钻是一种携带方便的小型钻孔用工具，由小电动机、控制开关、钻夹头和钻头等部分组成，是手工制作、维修等必备的工具，常用的有充电式手电钻和插电式手电钻。电烙铁与手电钻如图 8－29 所示。

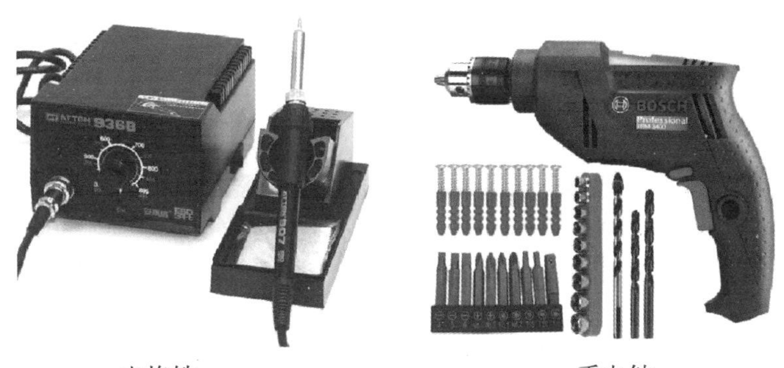

电烙铁　　　　手电钻

图 8－29　电烙铁与手电钻

（八）热熔胶枪

热熔胶枪是一种非常方便快捷的工具，具有效率高等优势，缺点是胶体比较重，不适用于对重量有严格要求的无人机。

（九）锉刀

锉刀表面有许多细密刀齿，呈条形，是用于锉光工件的手工工具，可对金属、木料、皮革等表层进行微量加工。普通钳工锉刀用于一般的锉削加工；什锦锉包括各种断面形状的锉刀，用于锉削小而精细的金属零件。热熔胶枪与锉刀如图 8－30 所示。

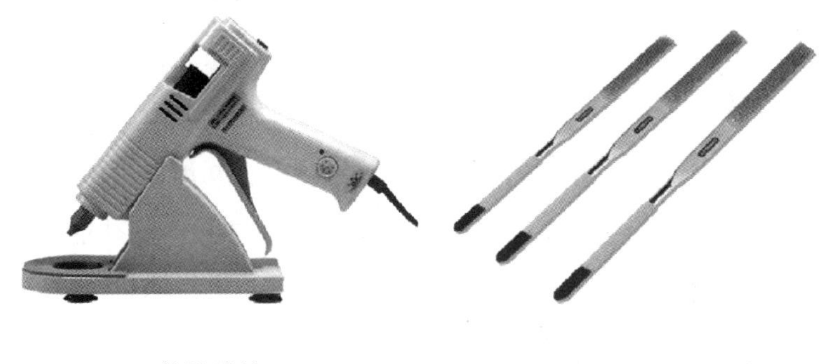

热熔胶枪　　　　锉刀

图 8－30　热熔胶枪与锉刀

（十）手工锯

在无人机组装中，经常需要加工碳管、碳纤维板等配件，在不方便时可使用手工锯进行简单操作。

二、常用调试工具

常用调试工具主要包括万用表、低电量报警器、舵机测试器、示波器、桨平衡器、动力系统测试台等。

（一）万用表

万用表一般用于测量电压、电流和电阻。万用表的功能是测量直流电流、直流电压、交流电流、交流电压、电阻和音频电平等。万用表按显示可分为数字式万用表和机械式万用表。在多旋翼无人机组装与调试中经常需要用万用表测量锂电池的电压、飞控电源输入电压、电调 BEC 电压、图传电压等。

（二）低电量报警器

低电量报警器（BB 响）也称为电压显示器，主要有两个功能：电压显示和低压报警。其用于 1～8S 的锂电池检测，自动检测锂电池每个电芯的电压和总电压，支持反向连接保护。通过它人们可以随时随地了解电池的工作状态，使电池不会因为过放或过冲而损害。当电压低于设定值时，蜂鸣器就会响起，并且红色 LED 灯会闪烁。万用表与低电量报警器如图 8－31 所示。

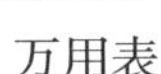
万用表

低电量报警器

图 8－31　万用表与低电量报警器

（三）舵机测试器

舵机测试器主要用来检测舵机的抖动、中位和虚位，也可以用来测量无刷电机的转向和接线的对应关系。如其与电子调速器（有刷与无刷均可）连接，即可摆脱遥控设备进行手动调速，用于测试电子调速器或电机性能，此时相当于一个“手动接收机”，通过旋钮模拟发射机打舵。

使用方法：左边接舵机，分上、中、下 3 组，可接 3 个舵机；右边单排插针接电源，靠近边上为负极（有标识符号），接电池负极，如果接反会烧坏 IC（集成电路）。接通电源后，蓝色灯会同时亮，最初只亮左边第一个灯，为手动调节电位器测试，按下按键，中间灯会亮，为归中测试。第三个灯亮，为自动测试。测试电子调速器的接法和接舵机一样，但输入端不需要接电源。

测试电机时，需要先接电调，具体方法与测电调同理。

（四）示波器

示波器是一种用途非常广泛的电子测量仪器，主要用于测量电信号的瞬间值变化曲线或不同信号随时间变化的波动曲线，譬如电量、电压、电流、频率、相位差、调幅等。舵机测试器与示波器如图 8－32 所示。

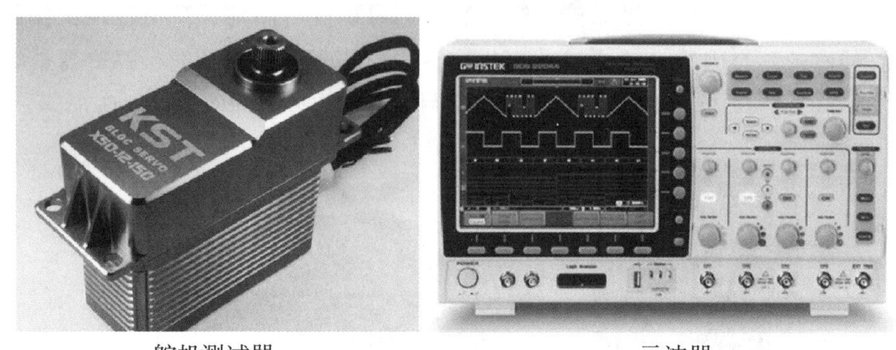

舵机测试器　　　　示波器

图 8－32　舵机测试器与示波器

（五）桨平衡器

桨平衡器主要分为静平衡测试器和动平衡测试器。静平衡测试器用来测试桨叶的静平衡。最理想的静平衡是螺旋桨处于任意角度都能保持静止状态，如果某一桨叶静止时总是下沉，应立即找出这个桨叶两边的差异，并对其进行修正、再试，直到平衡。

静平衡测试器是在静止状态下测试桨叶，其精度相对较低，无法对气动不平衡情况进行处理，加之不能和电机一起测试，因此，只进行静平衡测试无法从根本上解决实质性的问题。为此，需要在动态状态下对桨叶进行平衡测试，这就需要使用动平衡测试器来对桨叶进行测试。静平衡测试器与动平衡测试器如图 8－33 所示。

（六）动力系统测试台

动力系统测试台（见图 8－34）用于无人机、航模动力系统静态或动态下的拉力（推力）测试，可同时测量动力系统拉力、功耗与功率，发动机功

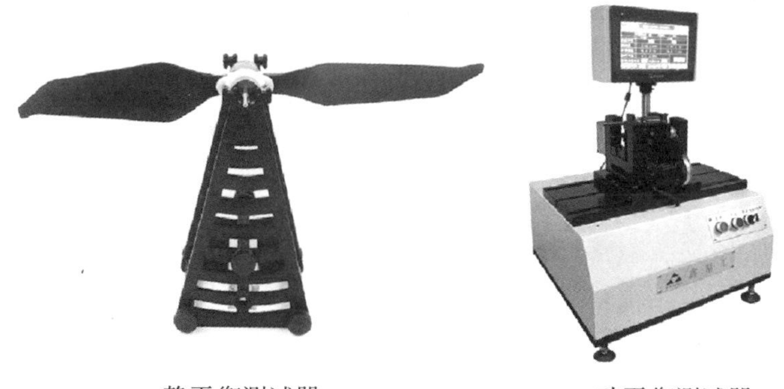

静平衡测试器　　　　动平衡测试器

图 8－33　静平衡测试器与动平衡测试器

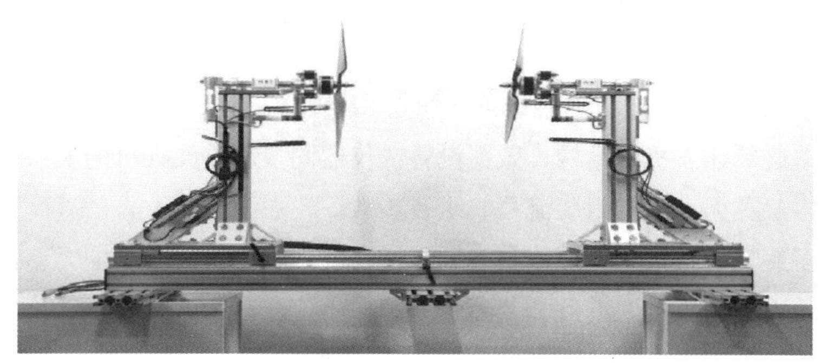

图 8－34　动力系统测试台

耗与效率，以及螺旋桨效率等数据。

动力系统测试台采用了航空级传感器、处理设备和先进算法，确保了测量精度；同时采用了立式测量方法，减小地面效应对测量的影响，方便用户安装各种尺寸的动力系统，多处人性化设计，使测量工作更加简便，同时系统配套全自动研发的测试软件，无线连接 PC（个人计算机）端，可直观实时监控测试数据，测试完成后可一键生成测试报告。

第九章　多旋翼无人机组装与调试

【课前辅导】

本章主要讲解三个方面的内容。

1. 多旋翼无人机组装流程和组装过程。
2. 多旋翼无人机调试流程和调试过程。
3. 多旋翼无人机保养。

【教学目的】

通过本章学习，重点掌握以下知识点。

1. 多旋翼无人机的结构、载荷设备或仪器同多旋翼无人机的关系。
2. 多旋翼无人机的组装流程、组装步骤。
3. 多旋翼无人机的调试流程和调试过程。
4. 正确使用工具、设备和仪器。

第一节　多旋翼无人机组装

多旋翼无人机组装流程与步骤

一、多旋翼无人机组装的科学性

多旋翼无人机组件的科学配置是充分发挥其使用价值的重要的手段。应根据多旋翼无人机的用途、作业环境、性能要求等，科学优化多旋翼无人机的配置，提高多旋翼无人机的性价比。

组装者应对多旋翼无人机的机架结构进行分析，选择出最合适的机架材料和结构。目前的机架材料多为碳纤维，其硬度强度都大大超出常规的玻璃纤维，其力学性能足以满足多旋翼无人机的要求，所以针对机架的各个部分

的力学分析、动态力学实验较少，导致机架材料的性价比低于最优材料，使得整个多旋翼无人机性价比不够高。以常规的环境要求选择机架，不考虑强酸强碱、强腐蚀以及更复杂的工作环境，会导致多旋翼无人机进入复杂工作环境时，可能出现掉高、坠机等事故。

根据多旋翼无人机的动力源电机和控制电机输出功率电调分析，选择最合适的配置组件。按照多旋翼无人机的载荷要求选择最合适的电机以及与之配对的电调，再对多旋翼无人机的电池参数进行对比分析，选出最理想的电池容量。根据多旋翼无人机的飞行姿态模型，调试飞行控制器，按照飞行半径选择最合适的遥控器。

多旋翼无人机的所有电子设备设计均假设无人机在干燥的环境下进行飞行，电子设备应该做防水措施，否则无人机一旦遇到潮湿的环境或者电子设备进水，会出现电路故障，严重时会引起火灾。同样多旋翼无人机飞行姿态设计是假设无人机在正常的工作情况下飞行，因此应做防范措施，以避免在飞行过程中出现意外导致事故。

二、多旋翼无人机组装流程

多旋翼无人机组装流程（见图9－1）主要围绕机架、动力装置、飞控装置、遥控装置和任务载荷这五个无人机基本结构模块开展。

（一）机架

无人机机架主要包括机臂、中心板、脚架等，是支撑无人机的主体框架，没有机架，无人机就无法载荷其他设备、仪器等。

（二）动力装置

无人机动力装置主要包括电动机、电调、螺旋桨、电池等，为无人机运行提供动力来源。它的性能决定无人机的滞空时间、续航时间等。

（三）飞控装置

无人机飞控装置是无人机的大脑，为无人机下达指令、提供导航、帮助无人机执行飞行任务等。它由计算机和诸多传感器等部件组成。

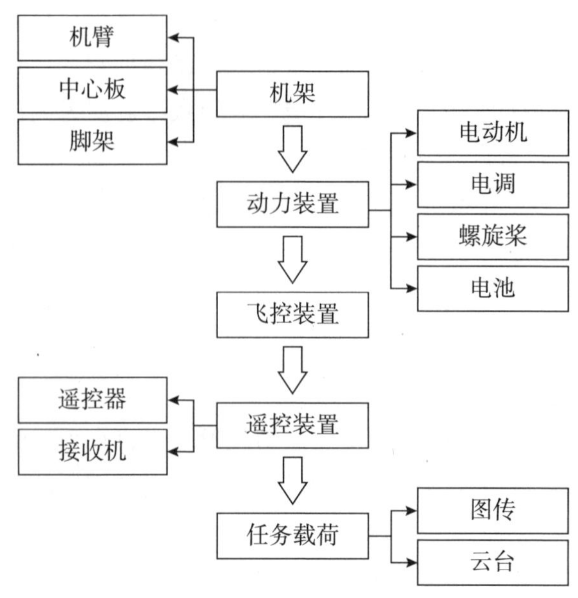

图9－1　多旋翼无人机组装流程

(四) 遥控装置

无人机遥控装置主要由遥控器与接收机组成。遥控器用于操纵无人机运行；接收机接受遥控器下达的指令，实时执行无人机操纵人下达的飞行任务。

(五) 任务载荷

无人机是一个平台，在这个平台上装载不同设备或仪器就形成不同类型的无人机，无人机的任务载荷是决定无人机类型的基本装置。譬如在无人机上装载植保设备就是植保无人机，装载电力巡检设备就是电力巡检无人机，装载航拍设备就是航拍无人机。常见的任务载荷有图传、云台等。

三、多旋翼无人机组装步骤

以四旋翼无人机为例，多旋翼无人机组装步骤如下。

步骤一：打造机身。四轴飞行器的中心枢纽由两块 PC（聚碳酸酯）板组成，下载裁剪和钻孔的模板，照原尺寸输出，暂时粘贴在 PC 板上，先以塑胶雕刻刀划出刻痕，再以 1/8″[①]钻头钻孔。

步骤二：切割支架并钻孔。锯好四个 10″～11″方形木榫支架，支臂越短，飞行器越敏捷，支臂越长，飞行器越稳定。各钻两个 3mm 的小孔，一个距离尾端 6mm，另一个距离尾端 26mm。

步骤三：组装机身。用螺丝把支臂固定在 PC 板上。用 M3 ×25mm 螺丝锁住内孔，M3 ×20mm 螺丝锁住外孔。支臂用螺丝固定好以后，在外孔螺丝处涂上螺丝密封胶，套上并拴紧螺帽；在内孔螺丝处则轻轻套上螺帽，不用拴紧。

步骤四：连接动力核心。动力核心包括六个零件：四个电子变速器、电源模块和摄影机稳定器控制板。首先，分离 XT60 公连接座和 APM 电源模块线。每条红色和黑色电线大约都要剥除 1/4″绝缘外皮，剥线的尾端镀锡。其次，从铜渐缩管两端各锯下 3/8″的环圈，锉平凹凸不平的边缘，将六条红色电线的正端子焊在内环，相应的六个黑色负端子连接外环，以泡棉防水胶条包裹内环，以外环套住。最后，整个中心涂上绝缘胶。

步骤五：马达底座钻孔。把马达直接安装在支架上，要先给每根支架做记号，并钻好不明显的盲孔，让马达转轴可以自由旋转。

步骤六：安装马达。裁切马达的支架，用两个 M3 ×20mm 螺丝将马达和马达支架固定在四旋翼支架的尾端。必须锁紧每个螺丝，确保马达轴可以自由旋转，若无法自由旋转，再度检查四旋翼支架的凹槽，最后以锉刀磨平马达支架的边缘。

步骤七：加上起落架。将动力核心滑入两片透明板之间，再将电子变速器的电源线缠绕在四个支架上。若马达和电子变速器的制造商相同，会有预先安装好的“子弹”接头，直接把马达导线插入变速器导线，把多余的电线盘绕在支架底下。也可以把电线直接焊在电子变速器控制板上以简化结构。固定好马达导线和电子变速器导线，再用束线带捆好支架底下多余的电线。用剪线钳将四个 C 形夹剪成对半，将 J 形底座搁置一旁，以锉刀磨平切割面，接着在安装孔两侧磨出两个小凹槽，把这个底座安装在每个支架的尾端，即马达机架内侧，将束线带绕过刚刚磨好的凹槽。

步骤八：安装防震座。移除 PVC（聚氯乙烯）软管的水管扣环，利用笔

---

① ″是英寸的符号，英制单位，1 英寸等于 2.54 厘米，多用于电子、建筑行业。

式美工刀，从橡胶软管上切下两个 3/4″的塑胶环，对好机身突出来的内孔螺丝，以拇指用力挤压，形成两个凹痕，再用 1/8″钻头在凹痕钻洞，但不要钻过另一面。以 M3 平垫圈和螺帽把塑胶环锁在机身上，调整好松紧度后，用螺丝密封胶固定。从软管上裁切两个防震座，之后会用来安装云台和电池座，以免摄影机受到螺旋桨震动影响。在上方腾出一点空间，准备安装云台控制器。

步骤九：安装摄影机和电池座。支架和电池支架主要由三组简单的 L 形支架组装而成，称为支架、翻滚轴和俯仰轴支架。把铝棒（1/8″×3/4″×36″）锯成两根 18″铝条，再把其中一根锯成两根 9″的铝条，共得到三根铝条。将每一根铝条都折成直角，可利用有斜边的木块或铝块，把弯曲的半径增加到 3/8″（剧烈弯曲可能带给铝条过多压力，进而有损铝条的支撑力）。弯曲好铝条以后，把每个支架割成样板大小。将支架放在正确的安装位置上，在 X 轴与 Y 轴支架上较短的那一端标记并在正中央钻出 3 个半径 1/8″的孔。在两个支架上，外侧的小孔应该距离支架尾端 3mm 远，而两个小孔之间的距离则应为 9.5mm。使用阶梯钻头将中间孔扩成 2″大，以便马达轴保有转动空间。用两个 M3×6mm 的螺丝将云台马达的底部固定在支架上，再用剩余的两个螺丝将马达顶端固定到翻滚轴支架的长边上。将第二个马达的底部接在翻滚轴支架的另一端，而马达的顶端则依照同样的方式接到俯仰轴支架上。

步骤十：安装摄影机和电池。请确保重心维持在机身中央。若要让云台马达运转平顺，摄影机必须要在两轴上达成平衡。减弱双面胶带其中一侧的黏性，将胶带另一面贴在俯仰支架上，再把摄像头固定在黏性较弱的那一侧，找出平衡后只需使用两个螺丝便可将马达固定在支架上。用厚橡胶软管来制作两组防震装置，也可以做出方向控制器支架与电池支架，防止摄影机受螺旋桨震动影响，并且预留可安装方向控制板的空间。将骨架反过来放，让摄影机、支架与电池在骨架底部的防震装置中央点取得平衡。将组装好的装置沿骨架前后调整位置，直到整台四旋翼装置取得平衡，且平衡点也位于任意两端的中心。找到重心之后，用两组束线带以交叉的方式将支架绑在防震装置上。在电池底部粘上胶带，再将电池固定在支架上。可以在支架和电池上添加胶带以提供额外的固定效果。

步骤十一：架设航空电子设备。先将飞行控制板、接收器和其他模组排列好，再安装到机身上，摆放之后用双面胶将所有零件固定到机身上。进行飞行控制器安装时，确定正确安装方向，将飞行控制器上的箭头对齐四旋翼的正前方，再以双面胶固定。安装 GPS 罗盘模组时，需对齐骨架底部的延伸线，同时模组上的箭头也必须对准前方，同样用双面胶固定，再把线接到飞行控制器的 GPS 接头上。从右前方开始，依顺时针方向（由上往下看）将 ESC 线接到飞行控制器的 1、4、2 和 3 号接头上。将接收器沿着飞行控制器安装，并用双面胶固定，再将其 1 至 5 频道接到飞行控制器上的对应输入孔。

步骤十二：安装云台控制器。云台控制器包含两块电路板：较大的控制板和较小的 IMU 传感器。安装前用泡棉胶带覆盖支架的表面，以防焊点与裸露的铝发生短路，接着将控制板以束线带固定于其上。IMU 能侦测摄影机方向，但需要安装在同一架无人机上才行。用双面胶将它安装于俯仰轴支架的底部，把线接回控制板上。将云台马达的三条线接至控制板的接头上。用束线带固定每条线，预留一部分电线让云台马达可自由旋转。

步骤十三：安装软件。飞行控制板、ESC 和方向控制器都需在起飞前先进行校准与设定，需安装相应的调试软件。

步骤十四：加螺旋桨。在安装螺旋桨之前，可在马达转轴贴一些遮蔽胶带，以方便观察它们的旋转方向。从上往下看，马达 3 与马达 4 应该以顺时针方向旋转，而马达 1 与马达 2 则是以逆时针方向旋转。如果其中一个马达方向错置，只要将其连接至 ESC 的 3 条线中的 2 条互换即可。

多旋翼无人机组装过程

一、机架组装

（一）机架组装步骤

（1）将电调的输入端两根电源线分别焊接到中心板（分电板）的正极（红线）和负极（黑线）上。焊接动力电源线，如图 9－2 所示。

（2）使用万用表检查电路是否连通。

（3）按照顺序把 4 个机臂安装在中心板上，同色机臂在同一侧，安装云台脚架，如图 9－3 所示。

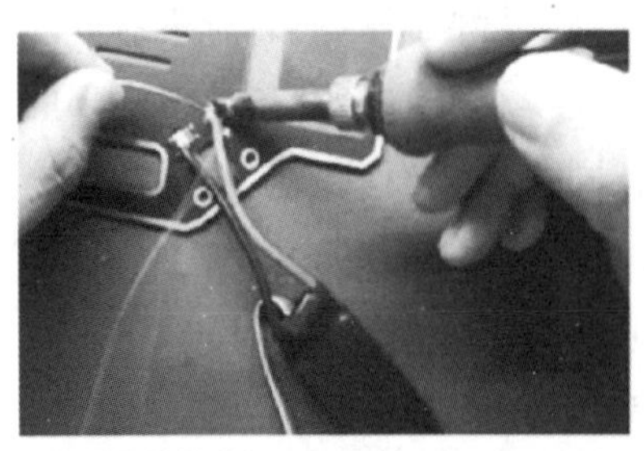

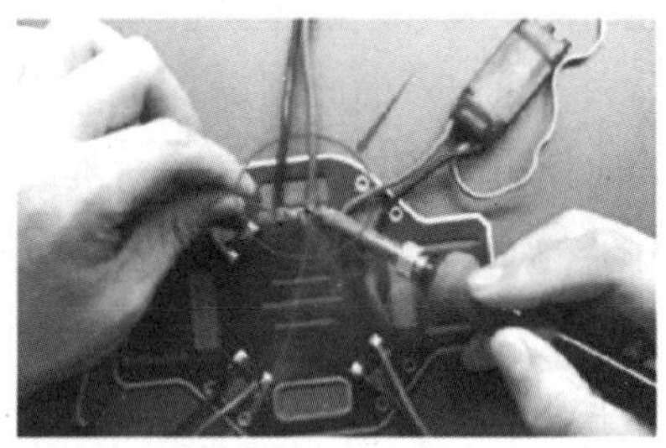

图 9-2　电调/动力电源线焊接

图 9-3　安装机臂与云台脚架

（二）机架组装注意事项

（1）检查机架零部件是否缺少。

（2）检查零部件是否有破损、变形。

（3）检查螺钉数量是否足够、螺钉长度是否合适。

（4）使用符合螺钉规格的螺钉旋具，防止螺钉滑丝。

（5）焊接时注意不能有虚焊，以防止无人机在飞行过程中因为抖动而接口松动。

（6）上螺钉时按照对角线原则拧螺钉，待所有螺钉上完再拧紧。

（7）同颜色机臂装在同一侧，以方便飞行时辨认机头方向。

F450 机架如图 9-4 所示。

二、动力系统组装

F450 多旋翼无人机的电动系统配置清单如表 9-1 所示。

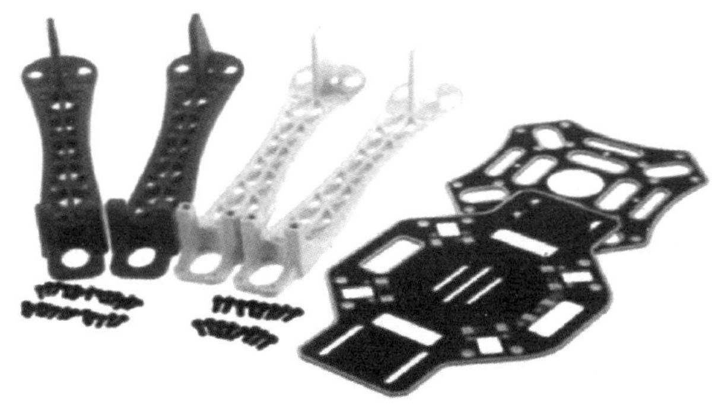

图 9－4　F450 机架

表 9－1　F450 多旋翼无人机的电动系统配置清单

名称	品牌	规格	数量（个）
电动机	朗宇	2216/KV900	4
电调	好盈	30A	4
螺旋桨	APC	1045	4
电池	格氏	3S/3300mAh/25C	1

（一）电动机与电调的连接

（1）电调的 3 根输出线与电动机的 3 根输入线焊接。

（2）电调的 2 根输出线与电动机的 2 根输入线互换可改变电动机的旋转方向，如图 9－5 所示。

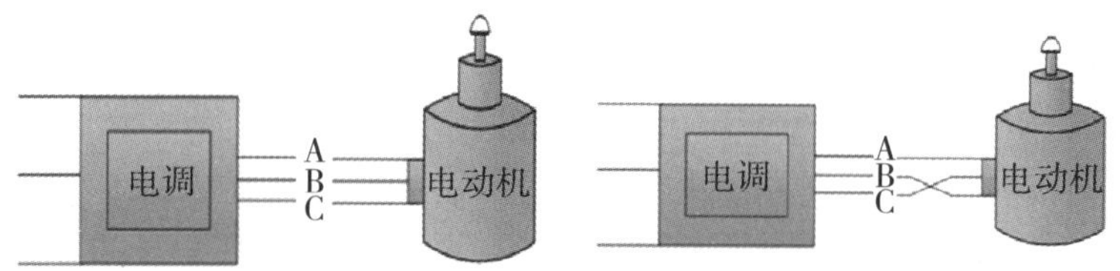

图 9－5　电动机与电调连接

（3）焊接连接处要牢固，不能有虚焊，以防止无人机在飞行过程中抖动而导致意外。

（4）线缆长度适宜，合理布线，保证无人机外表美观。

（5）所有焊接连接处以及铜线裸露的地方都必须套上热缩管。

（6）为方便替换零部件，一般在连接处使用香蕉插头。

（二）电动机的安装

电动机安装的注意事项如下。

（1）安装电动机时无人机机头方向的左上和右下为顺时针（CW）电动机，右上和左下为逆时针（CCW）电动机。

（2）安装电动机时使用的螺钉长度要合适，螺钉过长会顶到电动机定子导致烧坏电动机，太短则不能完全把电动机固定在机臂上。

（3）保证电动机机座与机臂连接牢固。飞行中电动机机座松动，是电动机偏转以及炸机的重要原因之一。

（4）电动机安装好后要校正水平，电动机不平会使多轴无人机的稳定性大大降低。

（三）螺旋桨的安装

螺旋桨安装的注意事项如下。

（1）螺旋桨一般在飞行前才安装。

（2）安装螺旋桨前一定要分清正桨与反桨。螺旋桨如果接反，起飞时由于受力不均衡，无人机必然会倾覆。

（3）固定螺旋桨的螺帽一定要锁紧。飞行中电动机的高频震动很容易引起螺钉松动造成射桨，射桨不仅可能造成炸机，也可能对操作手和其他人员的安全造成威胁。

电动机与螺旋桨如图 9－6 所示。

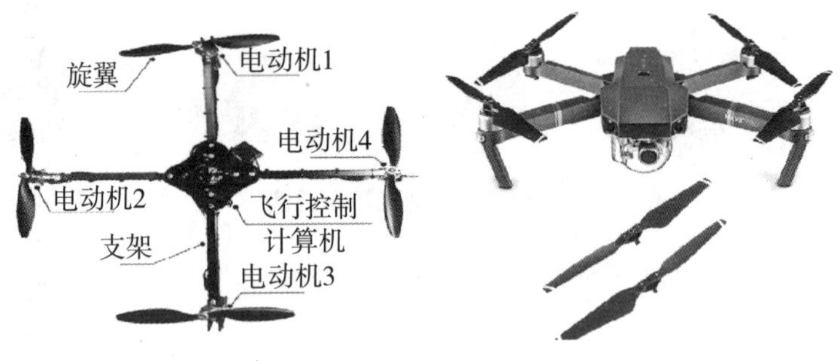

图 9－6　电动机与螺旋桨

三、飞控系统组装

（一）减震座的安装

（1）把减震球安装在减震板上。

（2）使用3M胶把减震座固定在沉金板重心位置上。

（二）飞控的安装

（1）使用3M胶将飞控固定在减震座上。

（2）确保飞控上的飞行方向箭头指向无人机机头方向。

（3）为方便拆卸，不要整个飞控板都粘上3M胶，一般在飞控的4个角粘上部分3M胶。

减震座与飞控的安装如图9－7所示。

减震座的安装

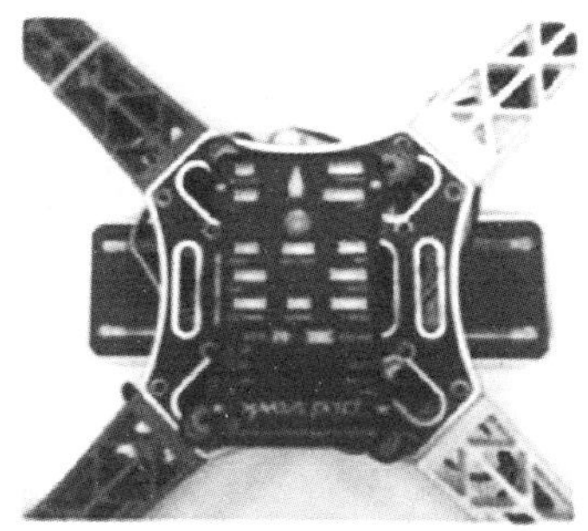
飞控的安装

图9－7　减震座与飞控的安装

（三）蜂鸣器的安装

（1）使用3M胶将蜂鸣器固定在机臂上。

（2）将蜂鸣器的接线插到飞控的相应接口上。

（四）安全开关的安装

（1）将安全开关固定在机架上。

（2）将安全开关的接线插到飞控的相应接口上。

蜂鸣器与安全开关的安装如图 9－8 所示。

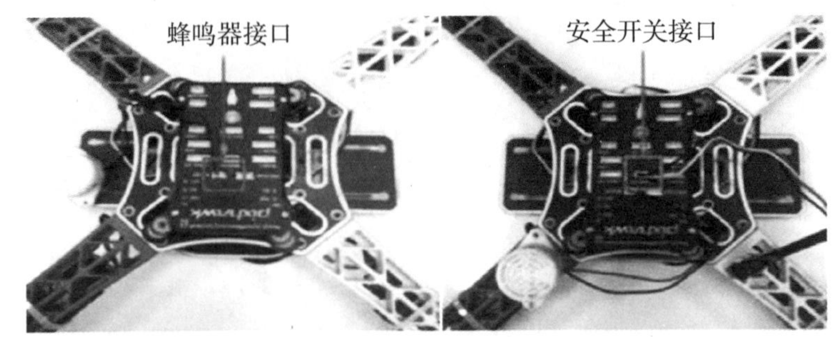

图 9－8　蜂鸣器与安全开关的安装

(五) 电调杜邦线的安装

以 PIXHAWK 飞控为例，电调杜邦线的安装如图 9－9 所示。

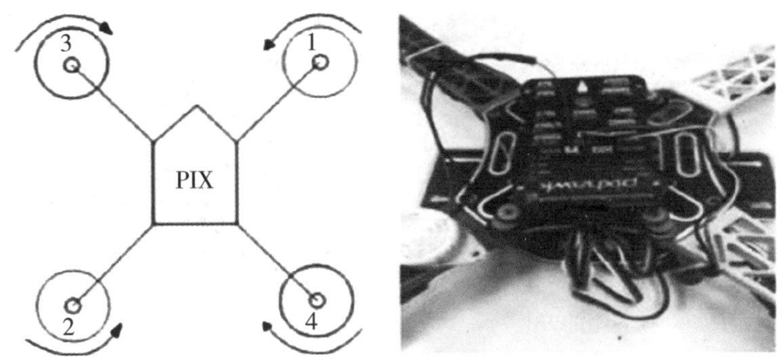

图 9－9　PIXHAWK 飞控电调杜邦线安装

(1) 杜邦线按照电动机编号顺序分别插在飞控 MAIN OUT 的对应编号插口上。

(2) 插线时注意负极在上，信号线在下。

(3) 布线要合理，不能相互干扰。

四、遥控装置组装

以乐迪遥控器为例，遥控器面板如图 9－10 所示。

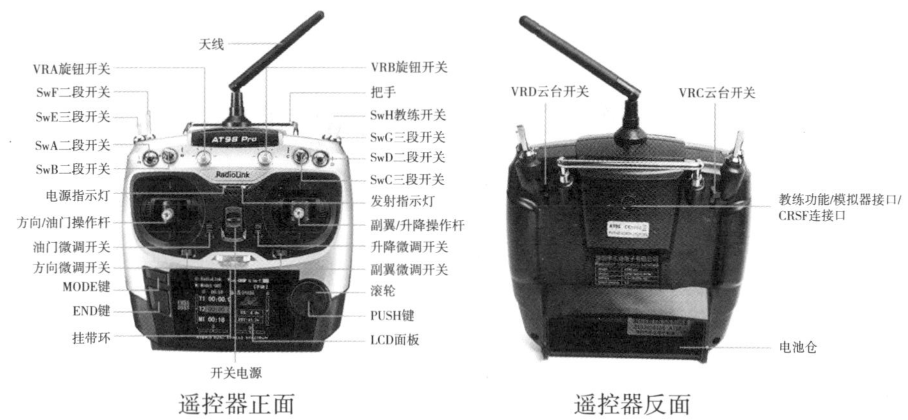

图 9－10　遥控器面板

（一）接收机的安装

（1）使用泡沫双面胶将接收机安装在沉金板或者机臂上。

（2）接收机由精密的电子部件组成，应避免剧烈震动并使其远离高温。为了更好保护接收机，可以使用泡沫或其他减震材料将其缠绕起来。将接收机放在塑料袋中并用橡皮筋将其扎紧是很好的防水方法。如果不小心有水或燃料进入接收机，可能会导致无人机间断性失控甚至坠毁。

（二）接收机与飞控接线

在 SBUS 情况下，用一根杜邦线连接接收机的 SBUS 插口，另一端连接飞控的 RC 插口。接收机通道如图 9－11 所示。

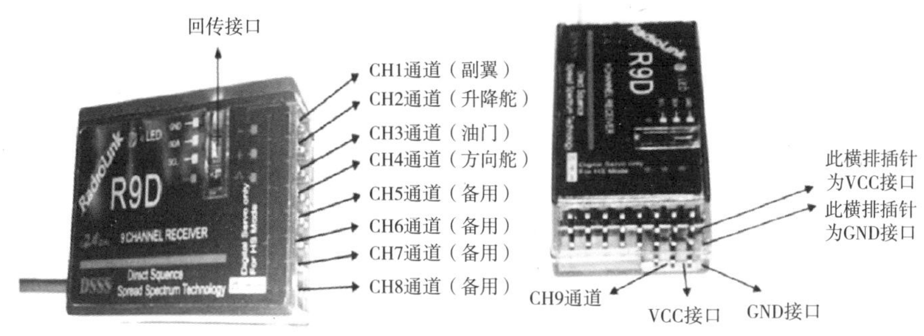

图 9－11　接收机通道

（三）遥控器电池的安装

将电池插头完全插入遥控器插槽至最底部。当需要断开连接时，不要拉扯电线，而应该握住塑料连接头将其拔下。

（四）接收机天线的安装

接收机与飞控的接线如图 9－12 所示。

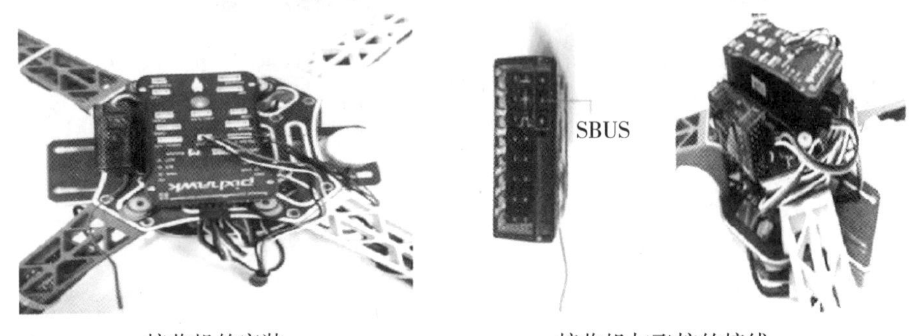

接收机的安装　　接收机与飞控的接线

图 9－12　接收机与飞控的接线

（1）一般情况下接收机的天线比较长，安装时不要折断或者将其缩进去，否则将缩小控制范围；接收机的天线应尽可能远离金属物，在飞行之前应执行飞行范围检测。

（2）尽量保证天线笔直，否则会缩小控制范围。

（3）无人机上可能会存在影响信号发射的金属部件，在这种情况下，天线应处于无人机的两侧，这样无人机在任何飞行姿态下都能保证拥有最佳的信号状态。

（4）天线应该尽可能远离金属导体和碳纤维，至少要有半英寸的距离，但不能过度弯曲。

（5）尽可能保持天线远离电动机、电调和其他可能的干扰源。

（五）发射机天线的安装

（1）发射机的天线是可调整的，要确保飞行过程中天线不直接对着无人机，否则可能会减弱接收机信号强度。

（2）保持天线垂直于发射机的表面，能使接收机收到最佳的信号。在大多数情况下，调整发射机的天线，使其垂直于发射机的表面将会获得更好的发射和接收效果。可通过握持发射机的方式调整发射机的天线。

五、无线图传设备组装

无线图传设备组装主要分为硬件组装和线路连接两个部分。

（一）硬件组装

（1）摄像头的安装：摄像头一般安装在机架前方或上方，注意做好保护措施，保护摄像头。

（2）图传发射机的安装：通常用双面海绵胶将其粘在机架内部，将天线引至外部。

（二）线路连接

（1）根据无人机安装布局裁剪好电线并制作好接头（如摄像头和图传发射机电压一致，可并用电源），图传和摄像头品牌多种多样，但接线原理基本一致，根据电路图将线路接好即可。

（2）某品牌图传系统电路如图 9－13 所示，摄像头一般至少有 3 根线，分别是电源线、接地线、视频输出线，接线时要看清电源电压，将电源接好。

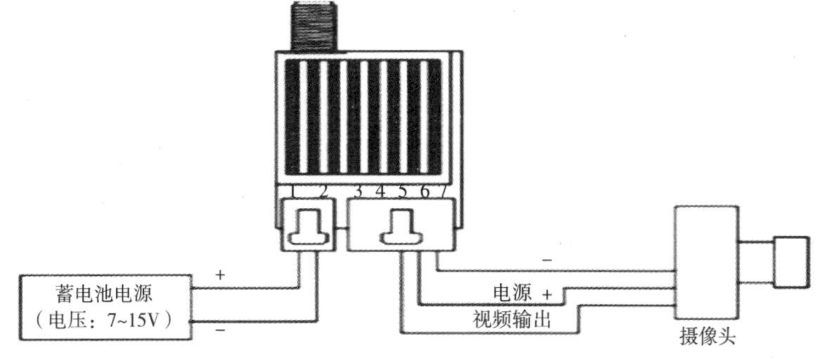

图 9－13 某品牌图传系统电路

（3）图传发射机线路主要分两部分，即图传电源输入和摄像头视频信号输入，有些图传发射机带有电源输出线（供摄像头用），还有些图传发射机有音频输入线，可以根据实际情况进行连接。一般情况下无人机用的摄像头不带麦克风，所以没有音频线输出，因此图传发射机不用接音频线，可将此线悬空，或剪掉不要。总之，根据厂家说明书按电路图将线路依次接好即可。

（三）注意事项

（1）确认图传电压和摄像头电压分别是多少，如果都在同样的范围，则可以共用电源。如果图传电压是12V，摄像头电压是5V，就要单独给摄像头供5V电源，可考虑从分电板接线。

（2）要注意发射机的最佳安装位置，避免产生干扰。多旋翼无人机要注意尽量让图传、GPS、遥控接收机分开安装，图传天线尽量靠近机身尾部。

（3）如果图传发射机是双天线的，尽量让两根天线垂直，以扩大发射范围。

（4）要注意保护好图传设备，尽量将其安装在机身内部，避免炸坏。

（5）图传接线为插头连接时，要注意插头是否松动，如是，则要采取紧固措施，如打热熔胶。

六、云台组装

云台结构比较简单，通常都是成套的，操作主要涉及云台和无人机之间的安装。通常安装方法有螺纹连接、挂载板连接等。

（一）云台安装步骤

依次连接云台电源线、信号线和控制线。某品牌云台各部件连接如图9－14所示。

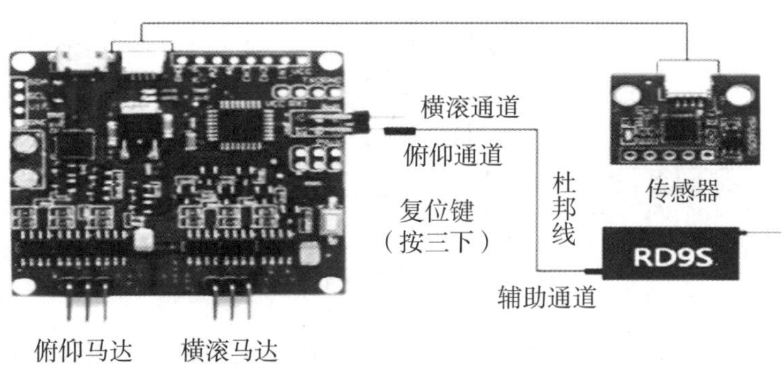

图9－14　某品牌云台各部件连接

（二）遥控器通道的配置

（1）安装运动相机。

（2）通电试机。

（三）云台安装注意事项

（1）看清云台的电压、正负极，切勿接错。

（2）传感器通常在相机的底端，注意传感器的信号线不要缠绕，保护好线路。

（3）通电前务必装好相机，在带有负载的情况下通电。

（4）调整相机安装位置时要尽量使相机在自然状态下保持平衡。

第二节　多旋翼无人机调试

多旋翼无人机调试内容

当多旋翼无人机组装完成后，为了实现无人机良好飞行和其他功能，必须对其进行合理调试，才能满足其安全飞行要求。

根据调试过程中是否需要安装螺旋桨，调试可分为无桨调试与有桨调试。下面以有桨电动多旋翼无人机为例，对其进行调试分析。

第一，安装螺旋桨。根据电机转向正确安装螺旋桨。

第二，限制飞行器。将飞行器放在安全防护网内试飞，或通过捆绑的方式限制飞行器。第一次试飞可能会出现各种意外情况，通过防护网或捆绑可以有效保护人员和设备安全。

第三，飞行测试。通过飞行状态检验飞行器是否正常。

第四，软件调试。电动多旋翼无人机的调试内容主要是对软件部分进行调试，即飞控系统调试、遥控器与接收机调试、动力系统调试三个部分，软件调试流程如图 9－15 所示。

（1）飞控系统调试：飞控系统调试内容主要包括飞控固件的烧写、各种传感器的校准和飞控相关参数设定。

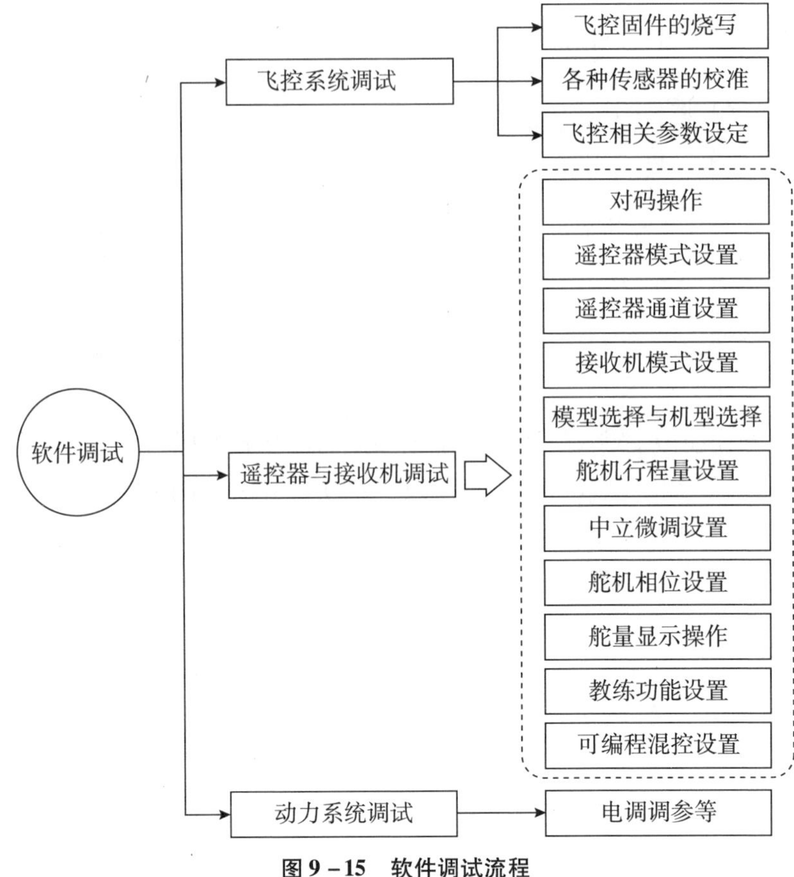

图 9－15　软件调试流程

（2）遥控器与接收机调试：遥控器与接收机调试内容主要包括对码操作、遥控器模式设置、遥控器通道设置、接收机模式设置、模型选择与机型选择、舵机行程量设置、中立微调设置、舵机相位设置、舵量显示操作、教练功能设置、可编程混控设置等。

（3）动力系统调试：动力系统调试内容主要是电调调参。

多旋翼无人机调试过程

一、飞控系统调试

飞控系统调试是指用调试软件对飞控进行调试。飞控是无人机的核心部件，根据是否开源，其分为开源飞控和闭源飞控。开源飞控调试较复杂，调试内容较多。闭源飞控使用简单，只需进行简单设置。

（一）飞控系统调试方法

主要使用软件对飞控系统进行调试，除了价格低廉的闭源飞控外，大部分飞控都能支持调参，都有相应的调试软件。常用的几款调试软件有 Open Pilot GCS、Cleanflight betaflight、Zadig、Arduino、Mission Planner 等，如表 9－2 所示。

表 9－2　飞控系统调试软件

序号	飞控	软件
1	CC3D	Open Pilot GCS
2	F3、F4 飞控	Cleanflight betaflight
3	NAZA	Zadig
4	MWC	Arduino
5	APM、PIXHAWK	Mission Planner

（二）PID[①] 调参

1. PID 简介

无人机通过 PID 来控制空中悬停等操作。以悬停为例，无人机悬停只是无人机动的幅度较小，实际上无人机一直处于动的状态。在此过程中，无人机不断测量当前的姿态和位置，比较目标姿态和位置，通过比较得出偏差值来自行控制无人机达到目标姿态和位置的响应时间、响应速度和响应力度。根据不同的无人机硬件特点和飞行性能，改变它的 PID 值，可以改变无人机的飞行稳定性。无人机的自稳主要体现在横滚方向和俯仰方向，偏航方向的影响不大，所以 PID 调参主要针对横滚和俯仰。

闭环自动控制技术领域里多基于反馈的概念以减少不确定性，其反馈的要素包括 3 个部分：测量、比较和执行。测量的关键是被控变量的实际值与期望值相比较，用偏差来纠正系统的响应情况，执行调节控制。在工程实际

① PID：比例积分微分控制。输出命令由比例项、积分项再加一个与输入误差值的变化率成比例的微分项合成的闭环控制算法。

中，应用最为广泛的调节器控制规律为比例、积分、微分控制。PID 分别代表了比例、积分和微分。

比例（P）控制：是一种最简单的控制方式。其控制器的输出与输入误差信号成比例关系。当仅有比例控制时系统输出存在稳态误差。

积分（I）控制：在积分控制中，控制器的输出与输入误差信号的积分成正比关系。对一个自动控制系统来说，如果在进入稳态后存在稳态误差，则称这个控制系统是有稳态误差的，或简称其为有差系统。为了消除稳态误差，在控制器中必须引入积分项。积分项误差取决于时间的积分，随着时间的增加，积分项会增大。这样，即便误差很小，积分项也会随着时间的增加而加大，它推动控制器的输出增大使稳态误差进一步减小，直到等于零，因此，“比例 + 积分”（P + I）控制器可以使系统在进入稳态后无稳态误差。

微分（D）控制：在微分控制中，控制器的输出与输入误差信号的微分（误差的变化率）成正比。自动控制系统在克服差的调节过程中可能会出现振荡甚至失稳。其原因是在有较大惯性组件（环节）或有滞后（delay）组件条件下其具有抑制误差的作用，这种变化总是落后于差的变化。解决的办法是使抑制误差作用的变化“超前”，即在误差接近零时，抑制误差的作用就应该是零。但在控制器中仅引入比例项往往是不够的，比例项只能放大误差的幅值，还需要增加微分项，它能预测误差变化的趋势，这样，具有“比例 + 微分”（P + D）的控制器就能够提前使抑制误差的控制作用等于零，甚至为负值，从而避免了被控量的严重超调。所以对有较大惯性或滞后的被控对象，“比例 + 微分”控制器能改善系统在调节过程中的动态特性。

2. PID 值表现

（1）不良 PID 值的表现：动态响应过快或过慢；控制过冲或不足；抖动，无法顺利起飞和降落，自稳能力弱，摔机。

（2）较好 PID 值的表现：在姿态信息和螺旋桨转速之间建立比例、积分和微分的关系，通过调节各个环节的大小，使多旋翼系统控制实现更优良的稳定性、准确性、快速性，具体表现如下。

动态响应迅速、及时；无抖动，飞行平稳，自稳能力强，动作迅速有力。

3. PID 手动调参

PID 手动调参是指先试飞无人机，感受它在飞行中有哪些问题，然后根据经验对 PID 值进行修改，再进行试飞，经过反复调试达到理想状态的过程。

PID 手动调参的方法有两种。

(1) 直接感受无人机的飞行情况，从感观上来判断问题所在，然后逐步调试。

(2) 利用飞控调试软件的黑匣子功能，里面有电动机在飞行过程中的振荡记录，根据记录来调试。

PID 调参口诀如下:

参数整定找最佳，从小到大顺序查。先是比例后积分，最后再把微分加。曲线振荡很频繁，比例度盘要放大。曲线漂浮绕大弯，比例度盘往小扳。曲线偏离恢复慢，积分时间往下降。曲线波动周期长，积分时间再加长。曲线振荡频率快，先把微分降下来。动差大来波动慢，微分时间应加长。理想曲线两个波，前高后低 4 比 1。一看二调多分析，调节质量不会低。

4. PID 自动调参

无人机飞到一定高度后，无人机向两个方向（横滚方向、俯仰方向）做偏摆动作，自行重复数次，同时自行检测响应速度、自稳的力度和速度等，然后自行进行 PID 调参，直到处于一个比较好的状态。调试过程中无人机会受各种外界因素的影响，有时调完后并不能达到理想状态，可重复进行多次自动调参，这样效果会比较理想。并不是所有的飞控都有自动调参功能，配置较低的飞控通常不具备该功能。

下面以 PIXHAWK 飞控为例介绍自动调参方法。

PIXHAWK 飞控自动调参是在 ArduCopter 3. 1 - rc5 版本以上固件里才有的功能。自动调参功能可以自动调整多个参数，灵活性高，同时不会过大超调。无人机通过在飞行中不断执行 Roll（横滚）和 Pitch（俯仰）动作来得到最佳的 PID 参数，所以在使用自动调参前必须将无人机切换至定高模式，而且要时刻观察无人机状态，保证无人机在可控制范围内。

要在一个空旷的场所进行自动调参，注意事项如下。

(1) 保证无人机电量充足。

(2) 尽量减少导致不稳定飞行的外部因素。

(3) 在使用自动调参功能前，确保无人机姿态已经相对稳定。

(4) 确定控制自动调参的开关可以达到所需的行程量。

(5) 无人机在自稳模式时，自动调参也可以启动，所以在启动自动调参之前，要确保无人机已经切换到定高模式，要避免误碰，发生危险。

（6）实时观察无人机飞行状态，注意人身及设备安全。

（7）当无人机发生漂移时，迅速调整无人机姿态，避免无人机移动速度过快。

（8）自动调参完成后，如果效果不好，建议排查飞控减震、机械部件松动等因素。

（9）ATUN（自动调参概要）与 ATDE（自动调参详情）的信息会写入闪存记录中。

自动调参步骤如下。

第一，设定定高模式（飞行模式的一种，飞行时无人机自动控制高度不变），把通道 7 或者通道 8 设定为自动调参的开关，如图 9－16 所示。

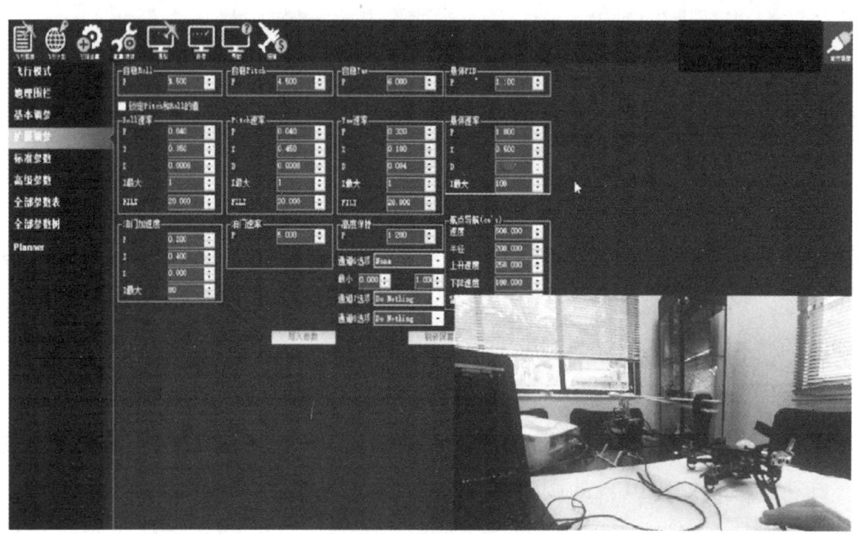

图 9－16　PID 自动调参

第二，在无人机起飞时确保通道 7 或通道 8 处于低位，在一个较好的天气（晴朗、无风）到一个开阔的场地进行调参，无人机起飞后在一个合适的高度将其切换到定高模式（定高模式下无人机只是高度保持不变，但在水平方向会移动，需操纵者实时控制无人机水平位置，高低位置不需要控制）。

第三，当无人机姿态相对稳定后，将通道 7 或通道 8 拨至高位以开启自动调参模式。此时无人机以 20°左右的角度在横滚方向来回偏摆几分钟，然后在俯仰方向重复同样的过程。如果无人机飞得过远，可以打杆让它飞回来（此时无人机用的是自动调参前的 PID 参数）。

无人机飞回来之后松开遥控器摇杆，自动调参将会继续进行。此时一定要耐心等待，否则会前功尽弃。如果想终止自动调参，只需把通道 7 或通道 8 打回低位，此时自动调参将会终止，并且切换回自动调参前的 PID 参数。

第四，经过几分钟的偏摆动作后，无人机将会切换回自动调参前的 PID 参数，如果想实现自动调参得到的 PID 参数的飞行效果，需要把通道 7 或通道 8 先切换回低位，再打到高位，此时使用的就是自动调参得到的 PID 参数。如果想继续使用自动调参前的 PID 参数，把通道 7 或通道 8 打到低位即可。如果觉得自动调参得到的 PID 参数飞行效果不错，在给无人机上锁时保持通道 7 或通道 8 高位，这样新的 PID 参数将会保持并且覆盖自动调参前的 PID 参数。如果觉得自动调参得到的参数不太好，在给无人机上锁时保持通道 7 或通道 8 低位，此时自动调参得到的参数就不会被保存。也可将自动调参的参数保存后再重复进行一次自动调参，有时调一次效果不好，可多调几次。

（三）飞控调式

下面主要以 NAZA－M 飞控为例，介绍飞控调试过程。

1. NAZA－M 飞控简介

NAZA－M 飞控产品如图 9－17 所示，产品特点如表 9－3 所示。它是大疆创新专为多旋翼无人机爱好者打造的新一代轻量级多旋翼控制平台，其创新的一体化设计观念，将控制器、陀螺仪、加速度计和气压计等传感器集成在一个更轻、更小巧的控制模块中，同时可提供 DBUS 支持，且支持固件在线升级，功能、硬件均可扩展。

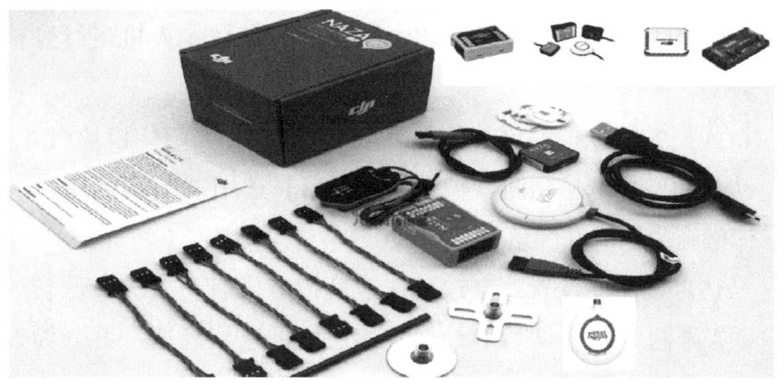

图 9－17　NAZA－M 飞控产品

表 9-3　NAZA-M 飞控产品特点

型号	特点	适用人群
NAZA-M LITE	入门级产品，以 V1 平台开发，可以加 GPS，无更多扩展功能	适用初学者和只需飞行平台的玩家使用
NAZA-M V1	第一代产品，官网已停售	—
NAZA-M V2	第二代产品，在 V1 的基础上，对硬件结构做了优化，具有极强的扩展性能，支持 Zenmuse H3-2D/NAZA OSD/IOSD 等	适合重度玩家使用，足够的扩展性能可搭建完善的无人机系统，能够满足大部分玩家的要求

2. 飞控调试

（1）调参软件安装。在大疆创新官方网站相关产品页面下载调参软件和驱动安装程序。打开遥控器，接通飞控系统电源。使用 MicroUSB 连接线连接飞控系统和计算机。运行相关驱动安装程序，按照提示完成驱动安装。运行调参软件安装程序，严格按照安装说明提示完成安装。

（2）调节感度。进入“飞控系统”参数调节界面→基础→感度，通常初次飞行可尝试使用默认 100% 的感度值，为了获得更好的无人机飞行表现，需要在其飞行过程中进行微调。感度值过大，会导致无人机在相应的运动方向抖动；感度值过小，无人机的响应会变得迟钝。可以利用软件手动改变感度值，或者通过旋钮调参用遥控器来调整。单击选择 X1 通道调节基本感度；选择 X2 通道调节姿态感度。

在“遥控器”设置中，给“X1”“X2”分配了两个旋钮，当旋转这两个旋钮时会看到感度值发生相应的变化，这样就可以在无人机飞行过程中边观察边调节感度。

（3）增强型失控保护。该功能仅在配备 NAZA-MGPS 模块时才能实现，选中“自动下降”单选按钮时保护措施为降落，选中“自动返航降落”单选按钮时保护措施为返航并降落到起点。

（4）马达怠速速度设置。马达怠速速度指电机启动后的最低转速，设置这一项内容将限制电机启动后的最低转速。由低速到高速一共分为五挡，默认为推荐。在设置参数时，可点击鼠标拖动光标到相应挡位，以改变马达怠速速度。

马达怠速速度设置为低速，电机启动后的最低转速变低。马达怠速速度设置为高速，电机启动后的最低转速变高。系统会建议用户将马达怠速速度设置在推荐挡。在无人机飞行过程中，根据个人要求，可以另行设置马达怠速速度。

需要注意的是，对于一般用户，请将该参数设置为推荐及以上；否则马达怠速速度设置过低，可能导致电机无法起转。

输出脉宽与最大/最小脉宽（遥控器 End Point 在 100% 量程）存在以下关系：

输出脉宽 =（最大脉宽 - 最小脉宽）×比例值 + 最小脉宽

输出脉宽与比例值如表 9 - 4 所示。

表 9 - 4　　输出脉宽与比例值

	低速		推荐	高速	
输出脉宽	1144us	1160us	1176us	1192us	1208us
比例值	3%	5%	7%	9%	11%

（5）NAZA - M 调参软件的遥控杆监视页面。当开关位置匹配至相应的控制模式时，可以看到高亮提示。

（6）NAZA - M 控制模式切换开关设置方法。无论选择遥控器上的哪个三位、双位开关作为自驾系统工作模式的切换开关，接收机上对应的端口都应接入主控器的通道 U。

使用遥控器中的 SUBTRIM 或 ENDPOINT（+/-）等微调功能，可将软件中输入通道 U 所示的滑块移至手动（Manual）、GPS 姿态（GPS Atti.）、姿态（Atti.）与失控保护（Failed - Safe）模式。

对于三位开关：

将位置 2 配置为姿态模式；将位置 1 配置为手动模式；将位置 3 配置为 GPS 姿态模式；位置 1 与位置 3 的定义可以互换。

对于双位开关：

将位置 1 配置为手动模式；将位置 2 配置为 GPS 姿态模式；位置 1 与位置 2 的定义可以互换。

NAZA - M 控制模式切换开关设置如图9 - 18所示。

（7）NAZA - M 自驾系统控制方式。未接入 GPS/无 GPS 姿态模式如图

三位开关

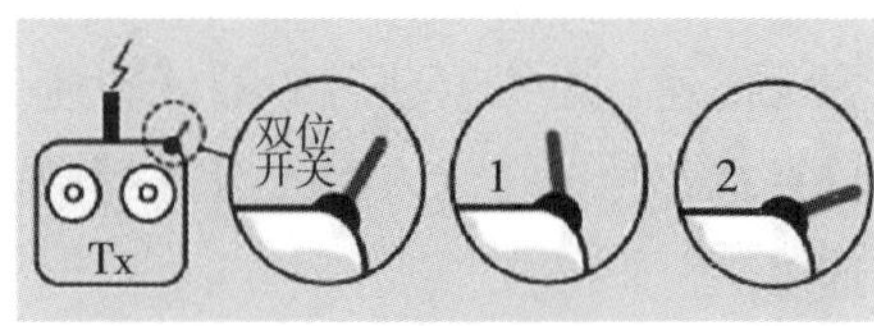

双位开关

图 9-18 NAZA-M 控制模式切换开关设置

9-19所示。如未按以上要求设置正确，失控保护无法正常工作。可以通过关闭遥控器的方式确认失控保护是否设置正确。

未接入 GPS / 无 GPS 姿态模式

NAZA 控制模式

	GPS 姿态模式	姿态模式	手动模式
尾舵角速度	最大尾舵角速度为 200°/秒		
摇杆线性控制	是		
摇杆命令的含义	机身姿态控制；摇杆中位对应机身姿态 0°，摇杆端点对应机身姿态 45°		最大角速度为 150°/秒，没有姿态角度限制和垂直方向速度锁定
高度锁定	在距离地面 1 米以上的高度，可以很好地锁定飞行高度		无
松开摇杆	在有 GPS 信号的情况下，锁定位置不变	无位置锁定，仅稳定姿态	不建议（非专业人员勿试）
无 GPS 信号	丢失 GPS 信号十秒钟后，飞机进入姿态模式	无位置锁定，仅稳定姿态	---
安全性	姿态与速度混合控制；低压保护		依靠多年操作经验
	增强型失控保护	自动平衡失控保护	
使用领域	航拍作业	竞技飞行	—

图 9-19 未接入 GPS/无 GPS 姿态模式

可以通过以下方式确认 NAZA-M 当前的工作模式：观察 NAZA-M Assistant 软件界面底部的状态指示栏。

观察 LED 状态指示灯，如图 9-20 与图 9-21 所示。

选择接收机类型。如果使用 SBUS 接收机，就选择 DBUS，否则就选择普通。

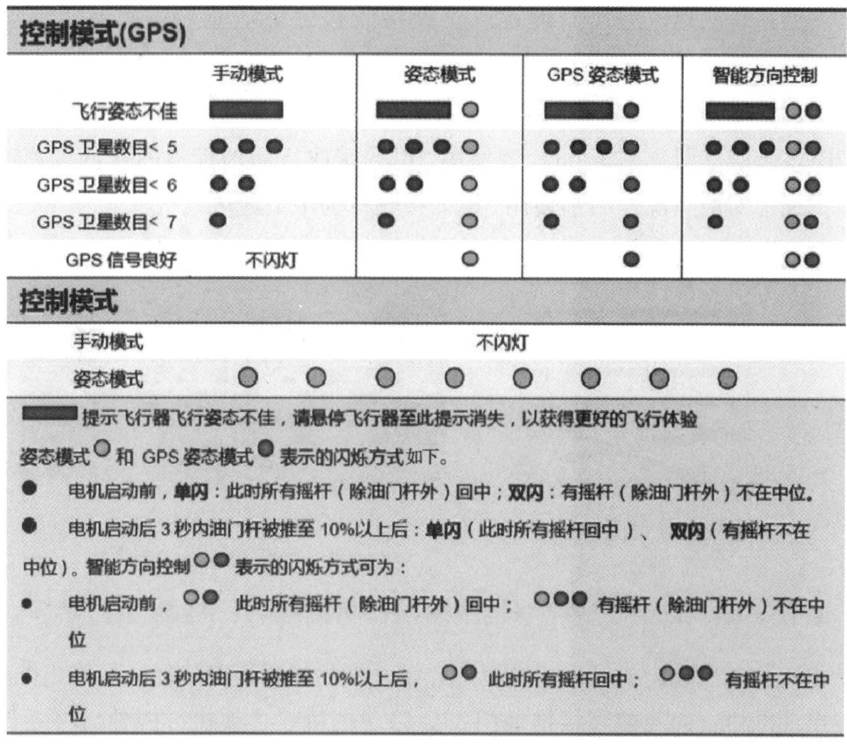

图 9 – 20　NAZA – M 飞控控制模式指示灯情况

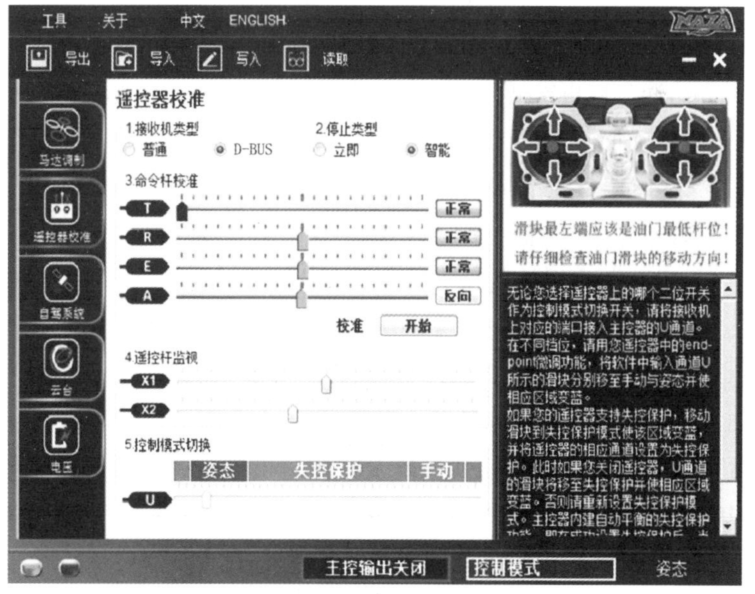

图 9 – 21　NAZA – M 遥控器校准结构

注意：每次更改遥控器设置或更换接收机之后应重启主控并重新进行校准。

提示：如果使用 SBUS 接收机，A、E、T、R、U、X1 和 X2 通道都将通过 DBUS 通信。图 9－22（a）为使用 SBUS 接收机后遥控器的默认设置通道和主控通道对应情况（目前使用 SBUS 接收机前 7 个通道）。

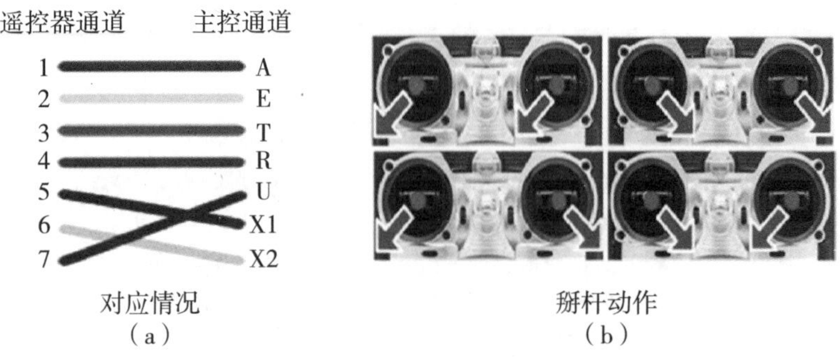

对应情况
（a）

掰杆动作
（b）

图 9－22　对应情况与掰杆动作

先阅读对启动电机和停止电机的介绍，然后根据情况选择一种停止类型。

启动电机：起飞前直接推油门不会启动电机。必须执行四种掰杆动作中的任何一种才能启动电机（见图 9－22（b））。

停止电机：有两种停止电机的模式可供选择——立即模式和智能模式。

立即模式：该模式下，无论在何种控制模式中，在电机启动且油门杆超过 10% 后，当油门杆再次低于 10%，电机将立即停转。电机停转后，如果在 5 秒内紧接着推油门至 10% 以上，电机会重启，而无须执行掰杆动作重启电机。如果电机启动后 3 秒内没有推油门至 10% 以上，电机将自动停转。

智能模式：该功能也需要配备 GPS 模块，并勾选“智能方向控制”。注意，由于 X2 通道在前面的演示中被“旋钮调参”所占用，这里“智能方向控制”不能同时运行，需要把调参的 X2 功能关闭才能使用，关闭后就可以勾选和使用“智能方向控制”功能，然后给 X2 分配一个 3 挡开关。

例如，将刚才设置的旋钮改为一个 3 挡开关，用遥控器设置一个 3 挡开关，然后切换开关查看调参软件里是否有相应的变化，3 挡开关自动分配为“返航点锁定”“航向锁定”“关闭”，来回切换 3 次“返航点锁定”和“航向锁定”，NAZA－M 飞控会重新记录返航点位置，在“关闭”和“航向锁定”两挡之间切换 3 次，将记录新的航向。

二、遥控器与接收机调试

遥控器和接收机是遥控链路的重要组成部分，其负责将地面操控人员的控制指令传送到机载飞控上，以便飞控按照指令指挥无人机飞行。遥控器种类繁多，接收机也有多个种类。遥控器功能越来越强大，可以支持多种机型，还能更改许多控制参数，新买的遥控器默认的出厂设置未必适合每台无人机使用，需要对遥控器进行一系列调试，才能使遥控器发挥最大的作用，从而更好操控无人机。目前，市面上的遥控器比较常见的进口品牌有 Futaba、JR、Hitec 和 Sanwa 等，常见的国产品牌有睿思凯、天地飞、乐迪和富斯等，下面以乐迪 AT9 为例进行介绍。

（一）对码操作

一般遥控器使用的频段是 2.4GHz，2.4GHz 并不是指频率。我国工业和信息化部在 2015 年发出通知，规划 840.5 ~ 845MHz、1430 ~ 1444MHz 和 2408 ~ 2440MHz 频段用于无人驾驶航空器系统。

1. 各个频段介绍

（1）840.5 ~ 845MHz 频段可用于无人驾驶航空器系统的上行遥控链路。其中 841 ~ 845MHz 频段也可采用时分方式用于无人驾驶航空器系统的上行遥控和下行遥测链路。

（2）1430 ~ 1444MHz 频段可用于无人驾驶航空器系统下行遥测与信息传输链路，其中 1430 ~ 1438MHz 频段用于警用无人驾驶航空器和直升机视频传输，其他无人驾驶航空器使用 1438 ~ 1444MHz 频段。

（3）2408 ~ 2440MHz 频段可作为无人驾驶航空器系统的上行遥控、下行遥测与信息传输链路的备份频段。相关无线电台站在该频段工作时不得对其他合法无线电业务造成影响，也不能寻求无线电干扰保护。

2. 对码过程

每个发射机都有独立的 ID 编码。开始使用设备前，接收机必须与发射机对码。对码后，ID 编码则存储在接收机内，且不需要再次对码，除非接收机再次与其他发射机配套使用。乐迪 AT9 遥控器使用的是 R9D 接收机，若购买了新的 R9D 接收机，必须重新对码，否则接收机将无法正常使用，对码步骤如下。

（1）将发射机和接收机放在一起，两者距离在 1 米以内。

（2）打开发射机电源开关。R9D 接收机将寻找与之最近的遥控器进行对码。这是 R9D 接收机的特色之一。

（3）按下接收机侧面的“ID SET”开关 1 秒以上，LED 灯闪烁，指示开始对码。

（4）当 LED 灯停止闪烁，遥控器上有信号显示，并且操控遥控器时无人机有相应的反应，说明对码成功。

（二）遥控器模式设置

常见的遥控器类型有美国手和日本手两种，其中美国手遥控器油门在左边，也叫左手油门，日本手遥控器油门在右边，也叫右手油门，它们的区别在于各通道所处位置不一样。虽然遥控器的左右手在出厂时就已决定了，但仍然可以在后期进行更改，更改遥控器模式分为硬件部分和软件部分。遥控器模式结构如图 9－23 所示。

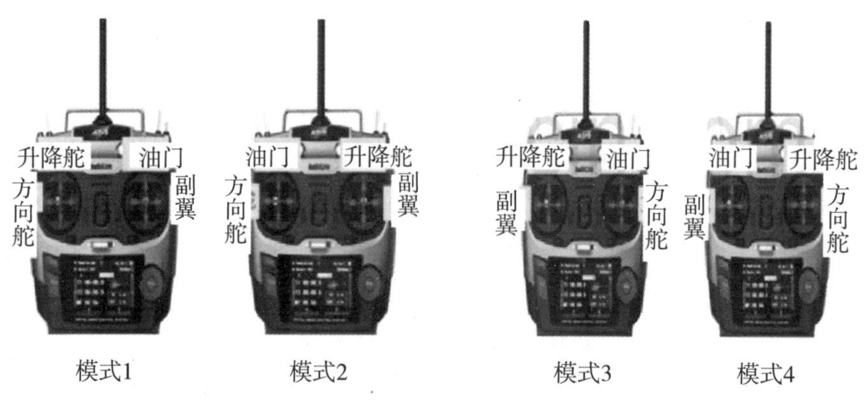

图 9－23　遥控器模式结构

（三）遥控器通道设置

遥控器有重要的参数通道，常见的有 6 通道、7 通道、8 通道、9 通道和 12 通道等。

遥控器的通道是指遥控的自由度，即通过接收机能控制多少个部件（舵机、电调等）或者功能（激活或调整某个参数）。多旋翼无人机主要通道的功能或作用如表 9－5 所示。

表 9-5　多旋翼无人机主要通道的功能或作用

序号	主要通道	功能或作用
1	油门	控制无人机的上升运动
2	升降舵	控制无人机的前后直线运动
3	副翼	控制无人机的左右直线运动
4	方向舵	控制无人机的水平旋转运动

有些通道用于调整矢量参数，按遥控器摇杆动作比例同步偏移，如油门杆推高，电调输出的功率增大，两者是按比例同步的。舵机也一样，舵机左右方向转动的速度和转动的角度与遥控器摇杆转动情况按比例同步。有些通道属于多挡模式开关，不同挡位控制不同的功能，如起落架收放、释放烟雾等。遥控器通道越多价格越高，能操纵无人机飞行的最少通道数为 4 个，分别是油门、升降舵、副翼、方向舵。

乐迪 AT9 遥控器有 9 个通道，但不是所有通道都用得上，无人机基础飞行只需 4 个通道就可完成，第 5 通道为飞行模式的切换通道，一般不能更改，1—4 通道加上第 5 通道可以称为基本通道，剩下的通道称为辅助通道。如想用遥控器控制两轴云台，就需要用到遥控器的两个辅助通道，这两个通道飞手可以自己定义。

（四）接收机模式设置

接收机模式其实是指接收机编码的模式，通常大多数遥控器能配对多种编码模式的接收机，有些接收机同时兼容两种编码模式。接收机的编码分为几种类型，通常有 PWM、PPM 和 SBUS 等。

1. PWM 编码

PWM 即脉宽调制，在航模中主要用于舵机的控制，在多旋翼无人机中可用于控制各通道。这是一种古老而通用的工业信号，是一种最常见的控制信号。该信号主要是周期性跳变的高低电平组成的方波。

2. PPM 编码

PPM 即脉冲位置调制。PPM 简单地将多个脉冲作为一组，并以组为单位周期性发送，通过组内各个脉冲之间的宽度来传输相应通道的控制信号。因为 PWM 每路只能传输一路信号，可以分别直接驱动不同设备（比如固定翼，每路各自驱动不同的舵机和电调)。在一些场合,并不需要直接驱动设备,而是需要先集中获取接收机的多个通道的值。在做其他用途时,如将两个遥控器之间连接起来的教练模式,或者遥控器接计算机模报器或者控制无人机,就需要将接收机的信号传输给飞控。这时每个物理连接方式都非常烦琐,适合使用 PPM。

3. SBUS 编码

SBUS 是一个串行通信协议,最早由日本厂商 FUTABA 引入,随后 FrSky 等很多接收机也开始支持。SBUS 特点是数字化、总线化。数字化是指该协议使用现有数字通信接口作为通信的硬件协议,使用专用的软件协议,使得该设备非常适合在单片机系统中使用,适合与飞控连接。总线化是指一个数字接口可以连接多个设备,这些设备通过一个 HUB(集线器)与总线相连,并得到各自的控制信息。

有些接收机兼容两种编码模式,如乐迪 R9D 接收机(见图 9-24)能兼容 PWM 和 SBUS,而且可以自由切换。短按接收机侧面的"ID SET"开关两次(1 秒内),即可完成 CH9 普通 PWM 或 SBUS 信号切换。其中红色 LED 灯亮,CH9 通道输出普通 PWM 信号;蓝色 LED 灯亮,CH9 通道输出 SBUS 信号。

图 9-24 乐迪 R9D 接收机

(五)模型选择与机型选择

模型选择是指一个遥控器配对多个飞行器的接收机,但同一时间只允许控制一个飞行器(安全考虑),也就是一个接收机。为了方便操作,不用每次更换无人机时,都重新将接收机对码,所以需要将每个接收机保存为一种模型,当需要控制其他接收机时只需在模型里面进行选择即可。

机型选择则是指每一个模型里面的机型，比如固定翼、直升机和多旋翼等。乐迪遥控器模型选择与机型选择如图 9－25 所示。

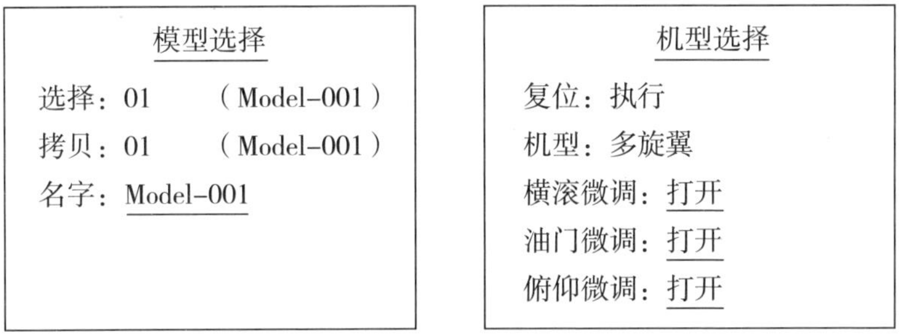

模型选择	
选择：01	（Model-001）
拷贝：01	（Model-001）
名字：Model-001	

机型选择
复位：执行
机型：多旋翼
横滚微调：打开
油门微调：打开
俯仰微调：打开

图 9－25　乐迪遥控器模型选择与机型选择

（六）舵机行程量设置

舵机行程量是指遥控器控制舵机动作的有效行程，而通常分两个方向设置舵机行程量，一个是正方向，另一个是反方向，按百分比调整，调整范围有限制。

（七）中立微调设置

中立位置是指当遥控器某操纵杆处于行程中间位置时，其对应的舵机是否处于中立位置的情况，如果对应的舵机不处于中立位置时，则可能在无人机起飞后产生偏移。中立微调设置则是修改无人机中立位置的设置。微调步阶量是指在进行中立微调时，调节开关每按一次所调整的量。舵机行程量与中立微调如图 9－26 所示。

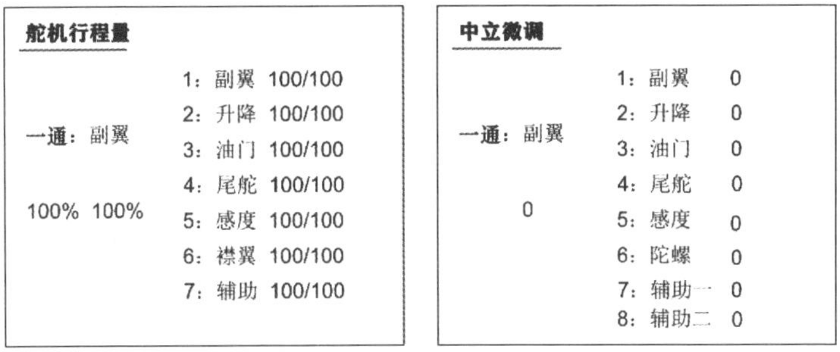

舵机行程量	
一通：副翼	1：副翼　100/100
	2：升降　100/100
	3：油门　100/100
	4：尾舵　100/100
100%　100%	5：感度　100/100
	6：襟翼　100/100
	7：辅助　100/100

中立微调	
一通：副翼	1：副翼　0
	2：升降　0
	3：油门　0
	4：尾舵　0
0	5：感度　0
	6：陀螺　0
	7：辅助一　0
	8：辅助二　0

图 9－26　舵机行程量与中立微调

(八) 舵机相位设置

舵机相位功能用来改变遥控器某操纵杆的动作与其控制的舵机动作的对应关系，如遥控器操纵杆往上打，舵机向上动作还是向下动作。所谓的正反相没有标准而言，可理解为舵机的动作方向与操纵杆的方向一致则为正相，不一致则为反相。新配对的遥控器或新安装的舵机可能存在相位不一致的情况，所以需要修正。设置后，应检查舵机是否以正确的方向运动。

(九) 舵量显示操作

通过舵量显示可以查看各类通道的工作状态，也可分辨通道的正反相位，当辅助通道被重新定义时可通过舵量显示查看某个开关与通道的对应关系。通常在新组装无人机时用其来查看无人机通道是否正确。舵机相位与舵量显示如图 9－27 所示。

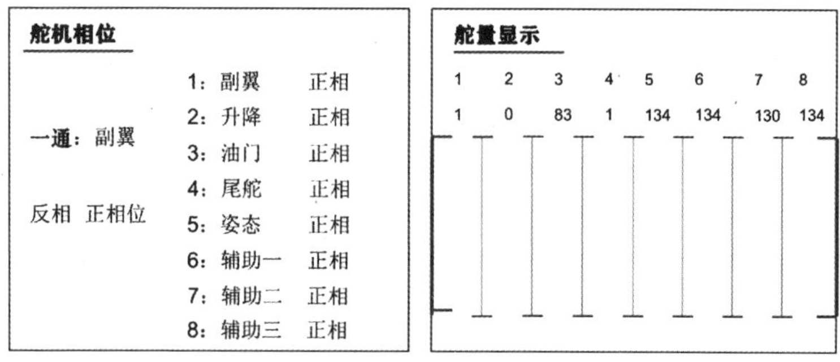

图 9－27 舵机相位与舵量显示

(十) 教练功能设置

教练功能是指两台遥控器通过数据线连接，通过切换可控制同一台飞行器。当初学者操作无人机飞行过程中遇到突发情况需紧急救援时，教练遥控器可切换主控权。教练功能分为几个等级，可选择性地控制某些功能，教练功能设置如图 9－28 所示。

(十一) 可编程混控设置

可变混控就是通过遥控器上的一个摇杆或者一个开关，可以发射出两路

教练功能

禁止	1：副翼 FUNC
	2：升降 FUNC
一通 副翼	3：油门 FUNC
	4：尾舵 FUNC
FUNC	5：姿态 OFF
	6：辅助一 OFF
	7：辅助二 OFF
	8：辅助三 OFF

图 9－28 教练功能设置

或者多路的信号给接收机，或者说一个操纵杆的操作同时控制两个或两个以上的通道，简称混控。混控常见应用于对三角翼无人机的控制，因为三角翼无人机副翼和尾翼是共用的，它的副翼既控制无人机的转向动作，也控制无人机的升降动作。遥控器的混控功能不仅能控制多通道，还可以设置多组混控，每个混控的参数均可修改，也称为可编混控。可变混控与可编混控如图 9－29 所示。

可变混控

—普通模式—	—曲线模式—
1：禁止	5：禁止
2：禁止	6：禁止
3：禁止	7：禁止
4：禁止	8：禁止

可编混控

比例：	← 0% → 0%	混控：	禁止
偏置：	0% （+9%）	微调：	关闭
		连接：	关闭
主控：	一通	开关：	SWC
被控：	四通	位置：	NULL

图 9－29 可变混控与可编混控

三、动力系统调试

动力系统调试主要针对电动多旋翼无人机。电动多旋翼无人机动力系统包括电池、电调、电动机和桨叶，动力系统调试主要针对电调。电调的品牌、型号非常多，而且每种电调的功能和调试方法也有区别。

下面以好盈 XRotor Micro 40A BLHeli_32 电调为例介绍电调调试。电调调试内容包括电调的接线及开机、油门行程校准、参数（加速功率、温度保护、低转速功率保护、低压保护、电动机转向、退磁补偿、电动机进角、最大加速、油门校准开启、最小油门、最大油门及中位油门、停转制动、LED指示灯控制、提示音强度和PWM频率等）调节。

1. 接线方法

接线方法如图9－30所示。

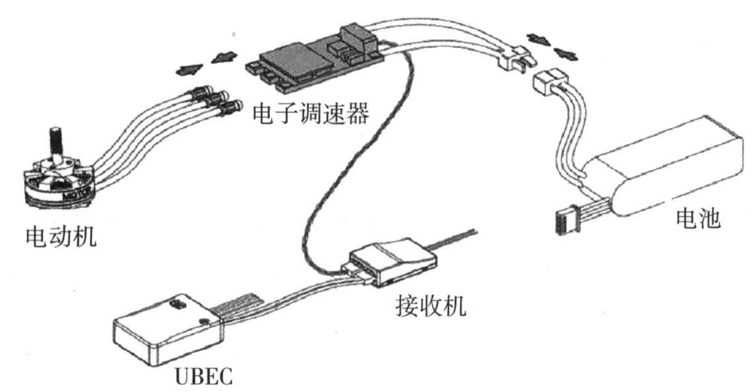

图9－30　好盈 XRotor Micro 40A　BLHeli_32 接线方法

2. 开机过程

开机过程如图9－31与图9－32所示。

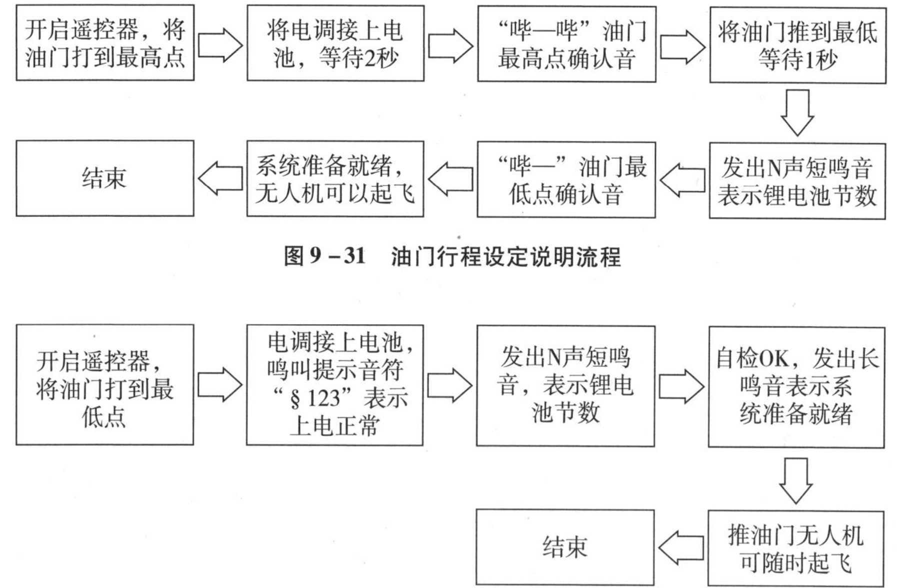

图9－31　油门行程设定说明流程

图9－32　正常使用开机说明流程

3. 油门行程校准

油门行程校准流程如图9－33所示。

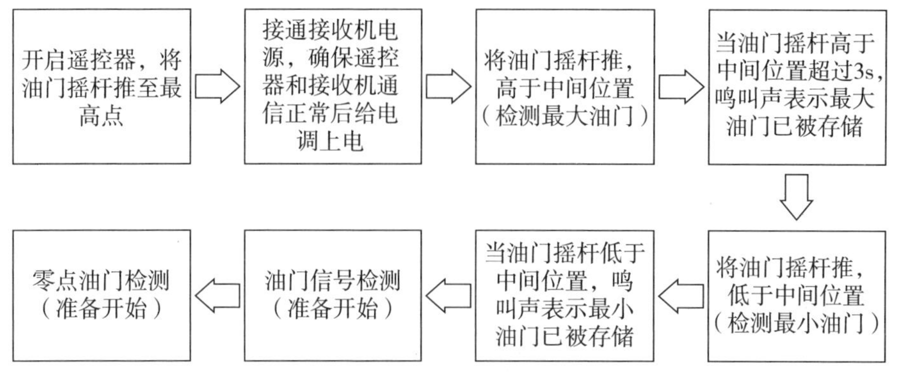

图9－33 油门行程校准流程

4. 可调节的参数介绍

（1）加速功率。加速功率可设置为3%～150%（任意）相对值，它是启动过程中所允许的最大功率。低转速情况下，为了便于反电动势检测，从电调输出到电动机的最大功率是受限的。加速功率也影响双向运行或操作，该参数用来限制方向转换过程中的功率。启动过程中，实际应用功率取决于油门输入（大小），可低于加速功率参数设定的最高水平，但最低水平要达到最高水平的1/4。

（2）温度保护。温度保护可开启或禁用，且温度阈值可调节。可调节阈值主要专供硬件制作商使用，因为不同硬件对所使用的各零部件的最大温度有不同的偏差/公差。

（3）低转速功率保护。低转速功率保护可开启或禁用。在低供电电压下运行低*KV*值电动机时，为了获得全额功率有必要禁用此功能。同时禁用会增加失步风险且有可能导致电动机或电调烧毁。

（4）低压保护。低压保护可在2.5～4.0V（每节电池）范围内调节电池电压或直接禁用。低压保护开启时，若电池电压低于设定阈值，则会限制（电调）输送到电动机功率。该功能主要应用于固定翼无人机。

（5）电流保护。可开启电流保护用来限制电流。开启时，电流会受到限制，不超过设定的最大值。电流限制发生得非常快，所以加速过程中电流也会受到限制。电流保护的值根据电调计算得出，例如设置四旋翼上（使用

BLHeli_32 固件）每个电调的电流限制值为 40A，那么对 4 个电调的总电流限制值就是 160A。

（6）电动机转向。电动机转向可设置为正转、反转、双向，双向反转。双向模式下，中位油门为零油门，中位油门以上为正向旋转，中位油门以下为反向旋转。选定双向运行/操作后，油门校准功能失效/禁用。

（7）退磁补偿。退磁补偿主要是防止换向/整流后线圈退磁时间过长而导致电动机停转现象的发生。突然加大油门（尤其是低转速运行）时，退磁时间过长一般会引发电动机停转或卡滞。高换向进角设置通常能帮助改善情况，但会影响驱动效率。退磁补偿是应对该问题的一种选择性方案。

退磁情况发生时先检测。在这种情况下，不知道电动机进角度数，换向/整流根据一个预估进角值摸索进行，电动机功率会在下一次换向/整流前被切断，这表明退磁严重程度的度量标准会被计算出。退磁程度越严重，被切断的功率越多。当退磁补偿设置为“关闭”时，任何时候功率都不会被切断。当退磁补偿设置为“低”或“高”时，功率都会被切断。差异在于，设置为“高”时，功率会被骤然切断。一般来说高补偿参数可提供更好的保护，对有些电动机来说，退磁补偿值设置得太高，最大功率也会一定程度地受到削减。

（8）电动机进角。电动机进角可在“1～31”（可参照电调说明书，“1～31”的调节范围为 0.9375～29.0625）范围内以 10 的步长进行调节。一般来说，电动机进角处于中间（水平）设置电动机即可工作良好，但若出现电动机卡滞问题，可通过调大进角来进行改善。有些高电感电动机会有很长的换向/整流退磁时间，这会导致电动机在突然加大油门（尤其是低速运行）时出现停转或卡顿。在性能良好的电动机上，进角在整个功率范围都可设置为低水平，这样最大功率也会被削减。在性能不佳的电动机上，可按需调大进角，这样可以改善时间余量以防电动机失步。

（9）最大加速。最大加速可在 0.1%/ms～25.5%/ms 范围内进行调节，也可设置到最大值，令加速不受限制。最大加速主要作为一个辅助参数，在遇到过硬加速导致失步/不同步情况时使用。如当“最大加速”设置到 10%/ms，就意味着应用到电动机上的功率增加速度不允许超过 10%/ms。

（10）油门校准开启。油门校准开启若禁用，则油门校准功能失效/禁用。

（11）油门。最小油门、最大油门及中位油门，这些设置可设定电调油门行程，且中位油门只用于双向运行/操作，这些设置对应的值为一般的1000～2000μs输入信号；对其他输入信号来说，这些值一定要依比例决定；对Dshot输入信号来说，这些设置都不起作用。

（12）停转制动。停转制动可在1%～100%范围内进行调节或直接禁用。非禁用情况下，零油门时会按规定的刹车力度制动；非零油门时该项设置无任何效用，该功能主要应用于带折叠桨的固定翼无人机。在某些电调上不能线性设置该项功能，只能直接开启或禁用。

（13）LED指示灯控制。LED指示灯控制可控制支持该功能的电调上的LED指示灯，实际可控制多达4盏LED指示灯亮起或熄灭。

（14）提示音强度。用来设置正常运行情况下的提示音强度。

（15）导航提示音强度。用来设置导航提示音强度。若零油门信号持续一段时间，电调即会发出导航提示音。导航提示音强度设置过高会导致电动机或电调发热。

（16）PWM频率。电动机PWM频率可在16～48kHz进行调节。高PWM频率可使电动机运行更平滑。考虑到移动油门响应过程中可能“颠簸”，且所有电调都存在这些“颠簸”问题，使用BLHeLi_32固件可在转速范围内将这些“颠簸”移动到系统没那么敏感的位置。

5. 电调调参软件介绍

电调调参的方法有多种，如使用遥控器操作进行简单设置、使用编程卡调参、使用电调调参软件（BLHeLiSuite）调参等。下面主要介绍使用电调调参软件的具体内容。

BLHeLiSuite是一款专业的电调调参软件，功能强大，使用方法简单，能对多种品牌、多种型号的电调进行调参。

其最常用的功能是改变电动机转向。通常改变电动机转向需要调换电动机和电调的电源线，如果电源线是焊接的话，调换线路不方便，可使用软件更改转向。

6. 电调调参软件使用方法

（1）使用时勿装螺旋桨，接动力电池，将装有电调的飞控连接电脑，打开BLHeLiSuite，软件主界面如图9－34所示。

（2）根据飞控使用调参软件选择连接方式。通过飞控连接，如飞控使用的是CleanFlight固件，则选择通过CleanFlight飞控界面连接电调，如图9－35所

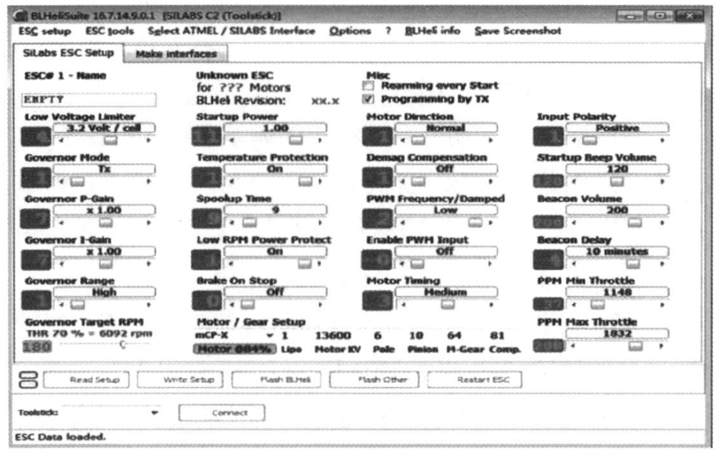

图 9－34　软件主界面

示。在左下角选择通信端口，设置同飞控调参端口一样，波特率选默认的 115200，单击“连接”按钮，连接后单击“读取设置”按钮（Read Setup）。

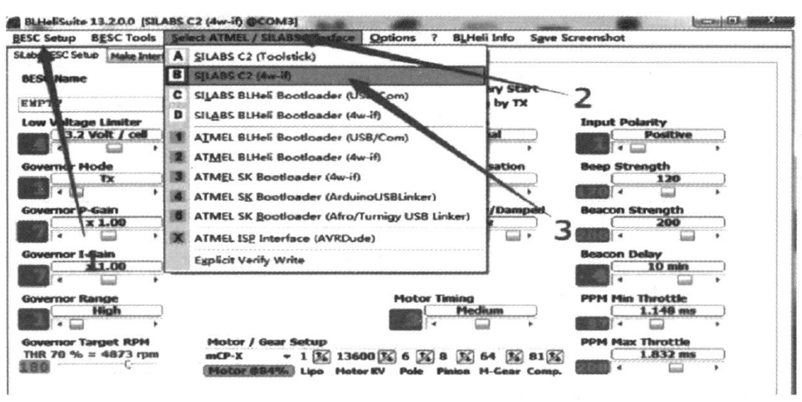

图 9－35　连接方式

（3）读取成功后，软件界面会显示四个独立的电调信息，包括电调型号、固件版本和正反转信息等，如图 9－36 所示。调参软件里识别电调都是独立的，不存在四合一电调，四合一电调只在硬件上整合，软件控制上是完全独立的，确认四个电调品牌和固件都一致，就可进行调参。除了 Read（读取）外，还有 Write（写入），当改变任何配置设置后，需要写入才能生效。

（4）按下 Read Setup（读取设置），显示第一个电调的数据，找到 Motor Direction（电动机转向），当需要电动机反转时就把 Reversed（相反）变为

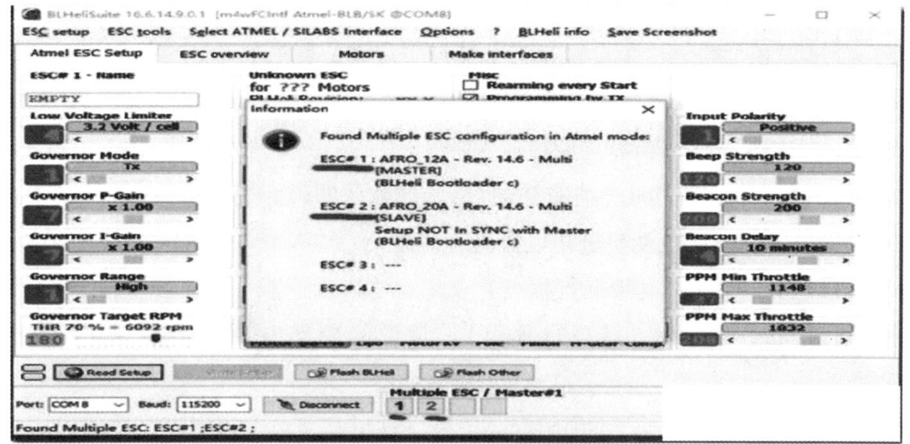

图9－36　电调信息界面

Normal（正常），如果原来电调就是Normal，就需要改为Reversed，Normal和Reversed是相对的，并不是绝对的正反转。当调完后按下Write Setup（写入设置）按钮，根据当前操作的电调，设置为#1电调（一号电调，指的是接在飞控一号输出口的电调）。当调完第一个电调后，如果要对二号电调进行操作，可以直接单击下面的二号电调，左上角就会显示当前是#2电调了，以此类推，调完#1、#2、#3、#4电调。

（5）其他参数设置界面如图9－37所示，各调参项的设置含义如下。

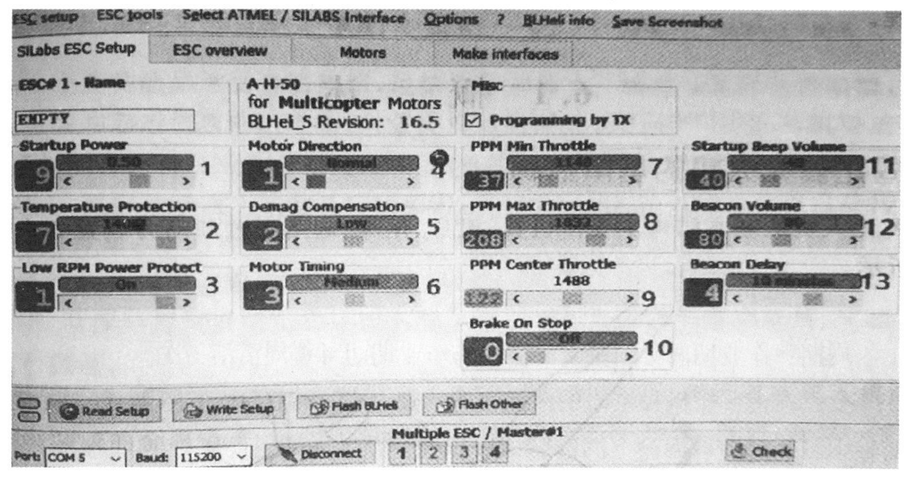

图9－37　其他参数设置界面

Startup Power（启动强度），电调控制电动机从静止、启动到一定转速需要一个过程和策略，这个设置相当于选择缓启动、普通启动还是暴力启动。

Temperature Protection（温度保护阈值），一般设为140℃即可。

Low RPM Power Protct（低转速保护）。

Demag Compensation（消磁补偿），一般默认即可。

Motor Timing（电动机进角设置）。

PPM Min Throttle（最低行程点）。

PPM Max Throttle（最高行程点），常说的校准电调就是第7、第8这两项。

PPM Center Throttle（油门中点位置），这里是灰色，表示不可调用。

Brake On Stop（在停止时刹车）。

Startup Beep Volume（开机上电启动音的强度音量），这个声音不是越大越好，过大会损伤电动机。

Beacon Volume（信号音、提示音的强度音量）。这项和上面差不多，都是电调让电动机发音的音量，只不过上面是启动音，这里是BB音和校准提示音。

Beacon Delay（通电待机提示音的延迟时间），图中的10 minutes表示通电10分钟电动机就会发出鸣叫提示。

第三节　多旋翼无人机保养

无人机属于精密器械，任何部件的微小变动都会影响其飞行状态和使用寿命。因此在其使用、转运和存放的过程中需小心谨慎，日常保养工作在很大程度上决定了其使用的寿命。多旋翼无人机日常保养需注意以下基本内容。

一、整机清洁

周期：作业期间必须每天清洁，非作业期间可每周清洁一次。

要点：主要指机身主体的清洁工作，如大桨、尾桨、机身板、尾杆、外露轴承。外露轴承需涂上润滑脂，以达到润滑、防锈、防腐蚀的目的。清洁过程中注意观察大桨、尾桨和尾杆是否完整、是否膨胀、是否开裂，机身板上固定螺丝是否松脱等。

二、主螺旋头固定情况

周期：作业期间每天检查确认，非作业期间可每周检查确认。

要点：检查主螺旋头各个螺丝状况，大桨的固定情况，T 头是否松动。

三、主轴晃量检查

周期：作业期间每天检查确认，非作业期间可每周检查确认。

要点：检查主轴横向是否有晃量，上下是否有松动。如晃量很大，需立即进行处理；若上下松动明显，需立即维修。

四、清洁主轴并加润滑脂

周期：作业期间每天检查确认，非作业期间可每周检查确认。

要点：清洁主轴并涂上润滑脂，同时需清洁主轴外露轴承，涂上润滑脂。

五、齿轮箱前轴检查

周期：作业期间每天检查确认，非作业期间可每周检查确认。

要点：检查齿轮箱前轴横向是否有晃量，若有晃量，需维修。检查单向轴承，正常状况下顺时针方向旋转只能自转，逆时针方向会带动主轴旋转。

六、启动轴晃量检查

周期：作业期间每天检查确认，非作业期间可每周检查确认。

要点：检查启动轴是否有明显晃量，若有晃量，需立即维修。

七、离合器检查

周期：作业期间每天检查确认，非作业期间可每周检查确认。

要点：顺时针旋转离合器罩，观察是否顺畅。必要时可拆掉皮带检查，正反向都应旋转顺滑。

八、尾螺旋头固定情况

周期：作业期间每天检查确认，非作业期间可每周检查确认。

要点：检查尾螺旋头是否牢固，尾桨夹固定情况。

九、尾轴虚位检查

周期：作业期间每天检查确认，非作业期间可每周检查确认。

要点：检查尾轴旋转面晃量，若有晃量，需立即维修。

十、清洁尾轴并加润滑脂

周期：作业期间每天检查确认，非作业期间可每周检查确认。

要点：清洁尾轴上的灰尘，再涂上润滑脂。检查固定尾轴的两个轴承，作业期间每天清洁，并涂上润滑脂，同时注意铜套的损耗状况。

十一、尾轴变矩结构检查

周期：作业期间每天检查确认，非作业期间可每周检查确认。

要点：清洁尾轴变矩结构，特别是轴承，清洁后涂上润滑脂。

十二、尾同步轮检查

周期：作业期间每天检查确认，非作业期间可每周检查确认。

要点：固定主轴，轻微转动尾轴，若有滑动现象说明尾同步轮固定不紧，需重新固定。

十三、全机舵机拉杆清洁检查

周期：作业期间每天检查确认，非作业期间可每周检查确认。

要点：清洁舵机及拉杆，包括主螺旋头舵机、螺距拉杆和十字盘拉杆、油门舵机和拉杆、尾舵机和拉杆。检查拉杆连接部分是否松动、变形，用两个手指轻拧固定螺丝观察是否松脱。检查球头扣和球头之间的磨损状况、间隙大小。在未连接电源的情况下，用手摇动舵机臂，观察行程是否顺畅；连接电源后，摇动拉杆，观察相应舵机的反应行程和速度。

十四、电池检查

周期：作业期间每天检查确认，非作业期间可每周检查确认。

要点：检查电池电线是否破损，电池是否膨胀，电压是否正常。

十五、启动器检查

周期：作业期间每天检查确认，非作业期间可每周检查确认。

要点：检查单向轴承是否损坏，固定螺丝是否松脱，继电器是否脱焊。

十六、遥控器清洁检查

周期：作业期间每天检查确认，非作业期间可每周检查确认。

要点：注意防潮、防尘、防暴晒，可以用风枪吹干净；检查各个操纵杆、按键是否正常工作。

十七、存放点检查

周期：作业期间每天检查确认，非作业期间可每周检查确认。

要点：机身存放需注意防火、防潮、防尘、防暴晒，远离可能形成线路漏电的场所。电池和遥控器存放在单独的箱子里，箱子存放也需注意防火、防潮、防暴晒，远离可能形成线路漏电的场所。油箱存放需注意防火、防潮、防暴晒，远离可能形成线路漏电的场所。若油箱带油存放，不要拧死通气口。

十八、主皮带、尾皮带、风扇皮带检查

周期：作业期间每周检查确认，无人机长时间未使用后，首飞前应先检查一次。

要点：注意是否存在少齿、分叉以及其他可能导致断裂的状况，并检查松紧度是否合适。

十九、检查更换空气滤清器

周期：作业期间至少每周更换一次，若无人机在比较恶劣的环境里作业，可缩短检查更换周期。

要点：空气滤清器的干净与否会影响发动机的工作效率，要经常检查空气滤清器；更换安装时注意固定卡箍是否对齐，是否牢靠。

二十、清洗火头

周期：作业期间每周清洗一次火头。

要点：用汽油清洗，并将火头上的积碳用铜丝刷刷掉；清洗干净，用间隙尺测量火头间隙是否为0.7mm。

二十一、齿轮油检查及更换

周期：作业期间建议每周检查一次，连续使用一个月后可拧开加油孔检查齿轮油是否老化。无人机长时间未使用后，首飞前也须检查确认。10个飞行小时磨合阶段后应更换一次齿轮油，以后每30个飞行小时更换一次齿轮油。

要点：检查齿轮油密封状况，是否有渗漏。齿轮油老化明显时需要更换。

二十二、线路检查

周期：作业期间每周检查。

要点：检查线路是否破损及腐蚀状况。

第十章　植保无人机组装与调试

【课前辅导】

植保无人机是专业级无人机的一种，也是多旋翼无人机极重要的一种产品，本章以电动植保无人机为例来介绍专业级无人机的组装与调试，主要包含两个内容。

1. 植保无人机重要的生产商、主要机型与性能参数。
2. 植保无人机的组装与调试，外场试飞、维护与保养等。

【教学目的】

通过本章学习，重点掌握以下知识点。

1. 植保无人机的组装与调试方法、步骤和要点。
2. 植保无人机外场试飞要点与方法。
3. 植保无人机维护保养基本知识。

第一节　植保无人机主要机型与性能参数

一、植保无人机主要机型

目前国内大疆创新、极飞科技、羽人无人机（珠海）有限公司（简称珠海羽人）、汉和无人机、北方天途航空技术发展（北京）有限公司（简称北方天途）、深圳高科新农技术有限公司（简称高科新农）、安阳全丰生物科技有限公司（简称安阳全丰）、辽宁壮龙无人机科技有限公司（简称辽宁壮龙）、江苏数字鹰科技股份有限公司（简称数字鹰）、深圳天鹰兄弟无人机创新有限公司（简称天鹰兄弟）等企业都生产植保无人机，其中大疆 T20、极飞科技 P30、北方天途 M4E 等机型，都是植保无人机的主要机型。植保无人机主要企业及产品一览如表 10－1 所示。

表 10－1　植保无人机主要企业及产品一览

序号	主要企业	产品系列	企业所在地
1	大疆创新	MG－1P、T16、T20	广东深圳
2	极飞科技	P20、P30、XP2020	广东广州
3	珠海羽人	谷上飞系列、农业无人机 10L/10kg、农业无人机（长轴）20L/20kg	广东珠海
4	汉和无人机	金星、水星、CD－15	江苏无锡
5	北方天途	M4H、M8A、M6E、M4E	北京昌平
6	高科新农	M45、S40－E、M23－G1	广东深圳
7	安阳全丰	自由鹰 ZP、全球鹰	河南安阳
8	辽宁壮龙	大壮	辽宁沈阳
9	数字鹰	AK－61、AK－41、AK－81	江苏无锡
10	天鹰兄弟	M16、TY－M12L、TY－787、TY－800	广东深圳

二、植保无人机性能参数

植保无人机主要由动力系统、飞行控制系统、喷洒系统、智能电池、药箱、遥控器、云数据平台等组成，主要有电动植保无人直升机和多旋翼植保无人机。电动植保无人直升机性能参数如表 10－2 所示，多旋翼植保无人机以大疆 T20 为例，其性能参数如表 10－3 所示，大疆 T20 和 MG－1P 植保无人机如图 10－1 所示。

表 10－2　电动植保无人直升机性能参数

序号	指标	参数
1	外形尺寸［长（mm）×宽（mm）×高（mm）］	1955×455×625
2	最大起飞重量（kg）	29.20
3	农药容器容量（L）	16
4	最大有效载荷（kg）	16（±5%）

续　表

序号	指标	参数
5	锂聚合物动力电池	10000mAh，44.4V
6	作业速度（m/s）	3～8（风力2～3级）
7	单次作业时间（min）	10～15
8	单组电池最大作业时间（min）	33
9	相对飞行高度（m）	距离农作物1～3
10	喷幅（4个喷头、2.8米喷管）（m/s）	4～5.5（逆风或顺风、风力2～3级）
11	喷洒流量（mL/min）	1000～1500（扇形雾喷头5个）
12	高浓度农药消耗量（L/亩）	0.5（水稻）
13	单机喷洒作业效率（亩/小时）	60～72（水稻）
14	遥控半径（m）	800

表10－3　　大疆T20植保无人机性能参数

序号	指标	参数
1	整机重量（不含电池）	21.1kg
2	标准起飞重量	42.6kg
3	最大有效起飞重量	47.5kg（海平面附近）
4	最大推重比	1.70（起飞重量47.5kg）
5	最大功耗	8300W
6	悬停精度 （GNSS信号良好）	启用D－RTK：水平±10cm，垂直±10cm 未启用D－RTK：水平±0.6m，垂直±0.3m（雷达功能启用：±0.1m）
7	悬停时间	15min（18000mAh，起飞重量27.5kg） 10min（18000mAh，起飞重量42.6kg）
8	RTK/GNSS使用频段	RTK：GPS L1/L2，GLONASS F1/F2，BeiDou B1/B2，Galileo E1/E5 GNSS：GPS L1，GLONASS F1，Galileo E1
9	最大可承受风速	6m/s
10	最大飞行海拔高度	2000m
11	最大轴距	1883mm

续 表

序号	指标	参数
12	电池	AB3 - 18000mAh - 51.8V
13	电压	51.8V
14	电池容量	18000mAh

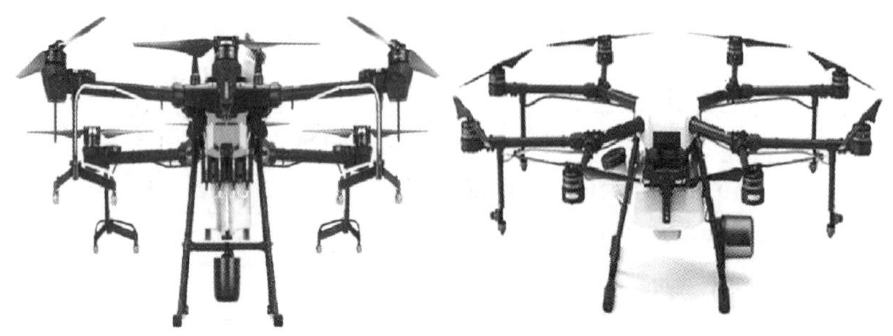

大疆T20植保无人机　　MG-1P植保无人机

图 10 - 1　大疆 T20 与 MG - 1P 植保无人机

第二节　植保无人机组装与调试技巧

植保无人机组装材料与组装工具

一、植保无人机组装材料

植保无人机组件主要由机体（机架）、“遥控器 + 图传”、动力系统、数码变频静音发电机、专用检修工具、直升机动力电池、进口锂电池平衡充、无人机自稳定系统、遥控器电池、航空包装箱、喷洒装置等组成（见表 10 - 4 与图 10 - 2）。

表 10 - 4　植保无人机组装材料

序号	项目	数量	单位	备注
1	机体（机架）	1	架	含无刷电机、伺服器、电子调速器、碳纤维主/尾旋翼

续　表

序号	项目	数量	单位	备注
2	“遥控器+图传”	1	套	含直升机遥控器、摄像头、显示器、发射机、接收机
3	动力系统	1	套	含8010电机6个、好盈80A电调、24寸折叠桨3对
4	数码变频静音发电机	1	台	2kW，耗油0.5L/h
5	专用检修工具	2	套	—
6	直升机动力电池	2	组	44.4V/15000mA，充电时间40min
7	进口锂电池平衡充	1	套	—
8	无人机自稳定系统	1	套	可实现自主悬停、半自动起降、定高巡航
9	遥控器电池	2	块	—
10	航空包装箱	1	个	—
11	喷洒装置	1	套	含8L玻璃钢药箱、降压型电调、压力喷头、压力泵、碳纤管、水管和转接头若干

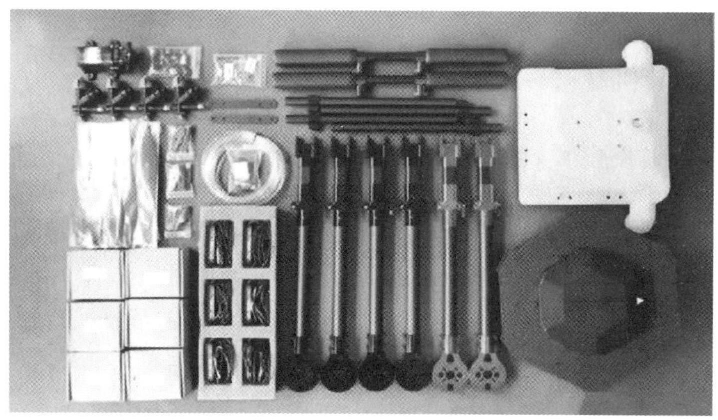

图10－2　部分植保无人机组装材料

二、植保无人机组装工具

植保无人机组装工具主要由万用表、镊子（金属）、尖嘴钳、剪钳、焊台及相关配套材料组成（见表 10－5）。

表 10－5　　植保无人机组装工具

	数量		数量
万用表（台）	1	3.0mm 内六角螺丝刀（把）	1
镊子（金属）（个）	1	2.5mm 内六角螺丝刀（把）	1
尖嘴钳（把）	1	2.0mm 内六角螺丝刀（把）	1
剪钳（把）	1	1.5mm 内六角螺丝刀（把）	1
醋酸胶布（m）	1	焊锡盒（个）	1
3M 胶（m）	1	4×200mm 扎带（m）	10
150W 焊台（个）	1	螺丝胶盒（个）	1
热风枪（把）	1	4.0mm 香蕉头公母（对）	18
AS150 防打火公头红黑（对）	2	5mm 热缩管（m）	1
XT90 公头（个）	6	10mm 热缩管（m）	1
XT60 公母头（对）	1	8mm 蛇皮网管（m）	4

植保无人机组装过程

某四旋翼植保无人机组装过程如下。

一、安装机身

（一）拆箱检验机身材料

植保无人机机架出厂多为模块化，已完成大部分内部装配，整体安装比较简单，通常出厂附带说明书，可以参照说明书进行组装。

需要注意，在安装机架前可先将中心板底部的电源线插头焊接好，然后进行下一步安装，以免整机装配好后不方便焊接底部插头。

（二）切割支架并钻孔

锯好四个 10″～11″方形木榫支架。支臂越短，飞行器越敏捷；支臂越长，飞行器越稳定。钻两个 3mm 的小孔，一个距离尾端 6mm，另一个距离尾端 26mm。

（三）组装机身

用螺丝把支臂固定在 PC 板上。用 M3 × 25mm 螺丝锁住内孔，用 M3 × 20mm 螺丝锁住外孔。支臂用螺丝固定好以后，只在外孔螺丝涂上螺丝密封胶，套上并拴紧螺帽，对内孔螺丝则轻轻套上螺帽，不用拴紧。

二、安装电力系统

（一）电机、电调预处理

在整机装配前，先对主电源插头进行焊接，然后进行机架后续装配（见图 10－3）。

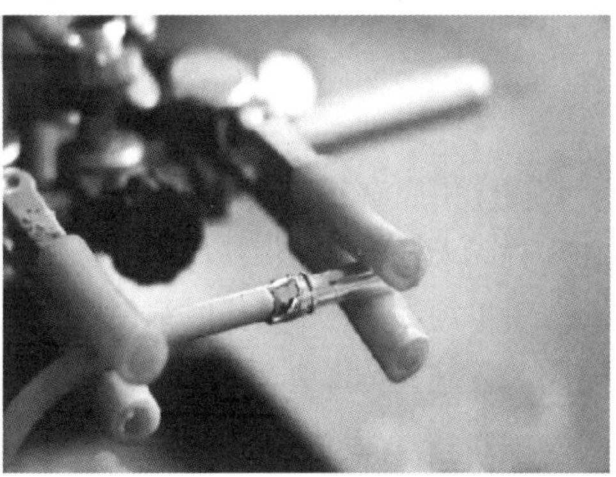

图 10－3　焊接主电源插头

焊接好插头后，剪一截蛇皮网管将电调出线套封起来，并在蛇皮网管两端使用 10mm 热缩管收缩，避免蛇皮网管两端分叉，依次处理 6 个电机和电调（见图 10－4）。

（二）连接动力核心

动力核心主要包括六个零件：四个电子变速器、电源模块和摄像机稳定器控制板。首先，分离 XT60 公连接座和 APM 电源模块线。每条红色和黑色电线大约都要剥除 1/4″绝缘外皮，剥线的尾端镀锡。从铜渐缩管两端各锯下 3/8″的环圈，锉平凹凸不平的边缘，将六条红色电线的正端子焊在内环，相应的六个黑色负端子连接外环，以泡棉防水胶条包裹内环，用外环套住。最

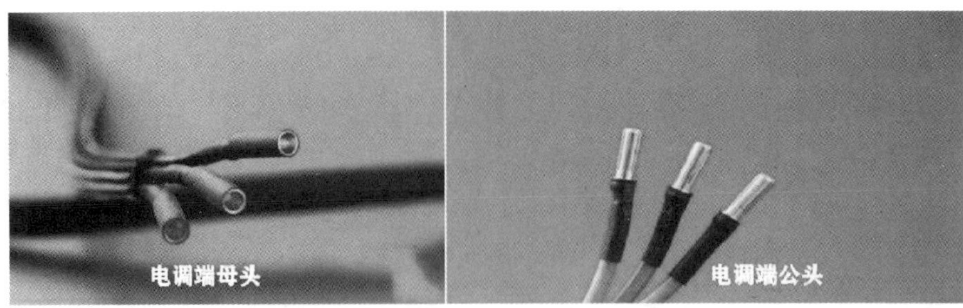

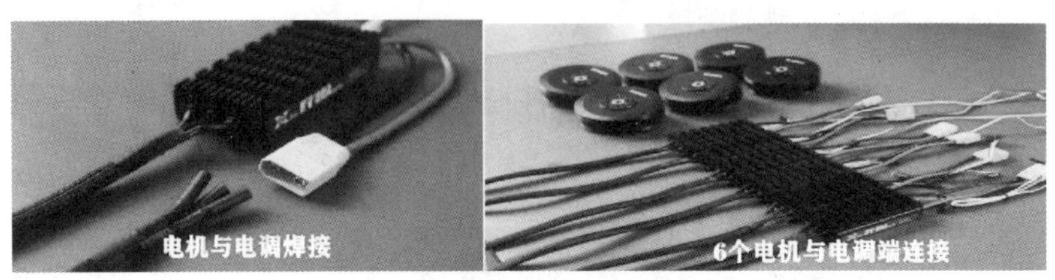

图 10－4　电机与电调焊接与连接

后，将整个中心涂上绝缘胶，连接马达和电子变速器。

植保无人机属于超大功率的飞行器，工作电流高达几十安，动力系统包括电池、电调、电机在工作时都会产生热量，如部件温度过高甚至会产生故障，高温天气会恶化动力系统的工作环境。

（三）马达底座钻孔

自制降落支架，需要把马达直接安装在支架上。要在每根支架上做记号，并钻好不明显的盲孔，让马达转轴可以自由旋转。

（四）安装马达

裁切马达的支架，用两个 M3 ×20mm 螺丝将马达和马达支架固定在四旋翼支架的尾端。锁紧每个螺丝，确保马达轴可以自由旋转，若无法自由旋转，可再度检查四旋翼支架的凹槽，最后用锉刀磨平马达支架的边缘。

三、安装电机、电调

电调是直流输入，通常由 2 ~6 节锂电池供电。电机电调调试完毕之后可装入机身，机架使用的是快拆侧板，安装电调时将侧边的四颗螺丝拧下，将侧板取出，将电调从机身侧面放入，然后将侧板镂空卡槽嵌入电调散热板，重新装上。电调电源端的 XT90 插到中心分电板的母头端，控制出线穿过机臂延伸到电机座底部，与电机连接。拆下侧板放入电调，将电调散热片嵌入侧板卡槽，重新装回机身，出线穿过机臂，电调出线与电机出线相接，如图 10－5 所示。参照以上步骤将六个电机和电调依次安装到位，内部走线如图 10－6 所示。

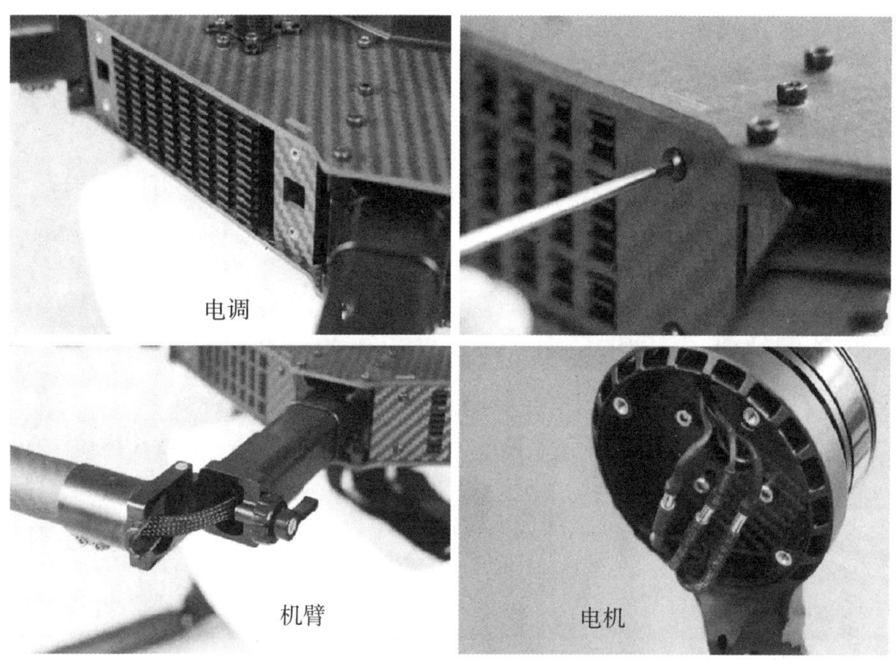

图 10－5 安装电调

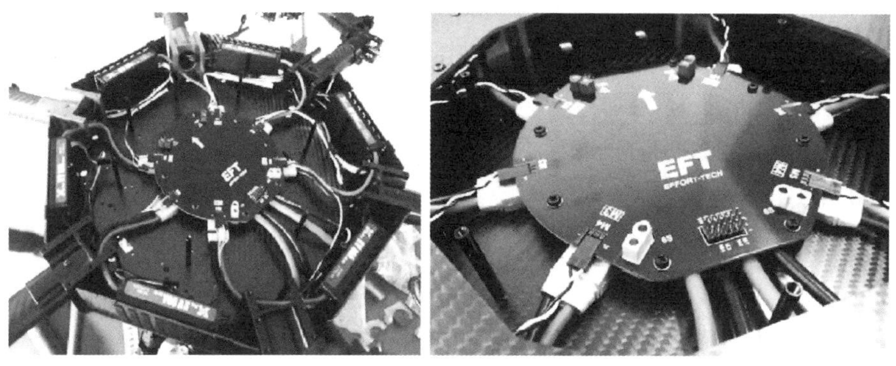

图 10－6 电机与电调走线

四、安装喷淋系统

喷淋系统主要分为两个部分，控制部分和喷淋部分，安装控制部分会用到降压型电调。将降压型电调输出端焊接到一个 XT60 母头转接板上，在降压型电调输入端焊接一个 XT60 公头。焊接 XT60 母头转接板时，建议剪掉降压型电调信号线中间的红线。控制部分连接如图 10 – 7 所示。

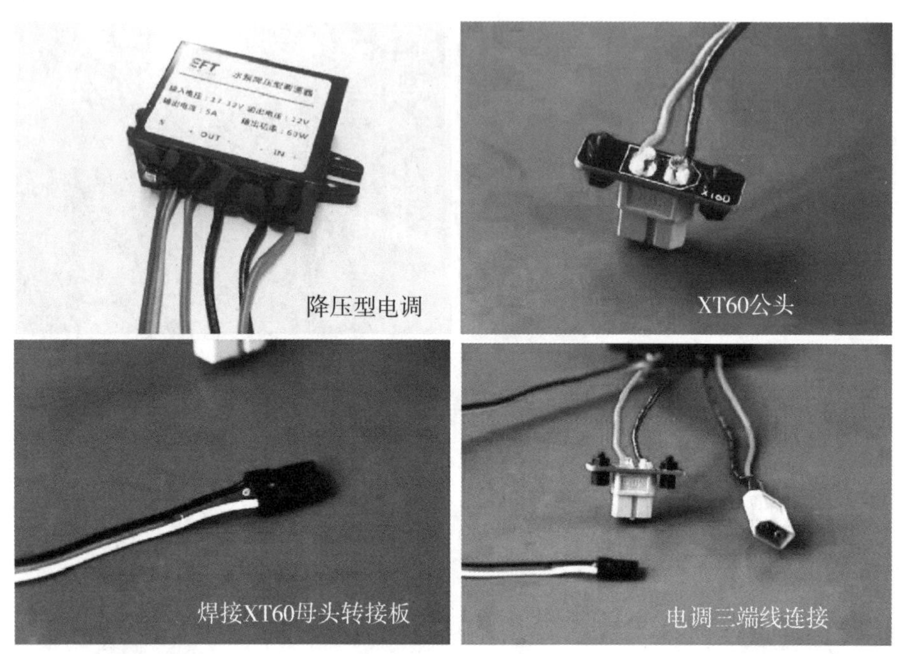

图 10 – 7　控制部分连接

将电调输出端的转接板通过尼龙柱固定在机身面板的侧孔处，电调控制输出口可以露出一截在面板外部，控制部分安装完毕。

安装水泵、水管、喷头组成的喷淋部分，将水泵安装到水箱底部。安装时将水管裁剪到合适的长度以方便安装。将水泵的出线端延长并焊接一个 XT60 公头，接到面板底部的水泵控制器输出接口。喷淋部分连接如图 10 – 8 所示。

在脚架顶部设置一个一分二的转接头，分两个方向出水。水管顺着机臂底部延伸到电机座底下，水管与机臂固定可以使用扎带也可以使用水管管夹。喷头部分装到电机座底部的安装板上，使用螺母拧紧，最后将底板上到电机

座底部（见图 10－9）。注意未测试电机转向之前不要将底盖螺丝上紧，以免调试的时候需要重复拆卸。

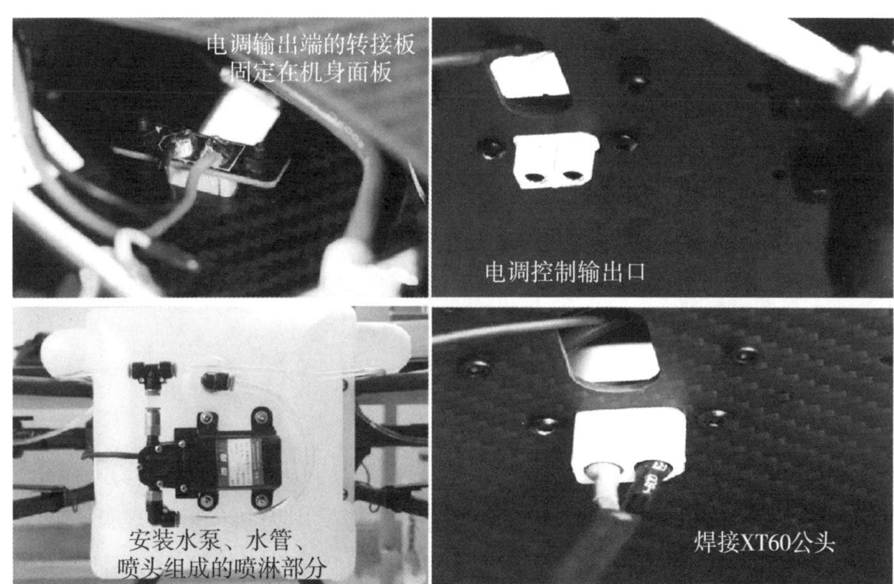

图 10－8　喷淋部分连接

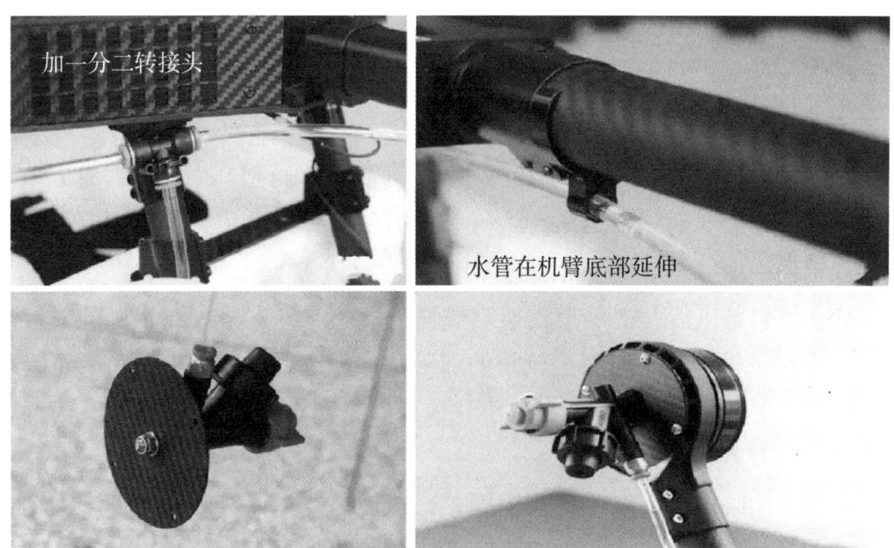

图 10－9　安装转接头与水管

五、安装起落架

将动力核心滑入两片透明板之间，将电子变速器的电源线缠绕在四个支架上。若马达和电子变速器的制造商相同，会有预先安装好的“子弹”接头。直接把马达导线插入变速器导线，将多余的电线盘绕在支架底下，也可以把电线直接焊在电子变速器控制板上以简化结构。固定好马达导线和电子变速器导线，再用束线带捆好支架底下多余的电线。用剪线钳将四个 C 形夹对半剪开，J 形底座搁置一旁，以锉刀磨平切割面，接着在安装孔两侧磨出两个小凹槽，把这个底座安装在每条支架的尾端，即马达机架内侧，束线带则绕过刚刚磨好的凹槽。

六、安装防震座

移除 PVC 软管的水管扣环。利用笔式美工刀，从橡胶软管上切下两个 3/4″的塑胶环，对好机身突出来的内孔螺丝，以拇指用力挤压，形成两个凹痕，再以 1/8″钻头在凹痕钻洞，但不要钻过另一面。以 M3 平垫圈和螺帽把塑胶环锁在机身上，调整好松紧度后，用螺丝密封胶固定住。从软管上裁切两个防震座，用来安装云台和电池座，以免摄像机受到螺旋桨震动影响。在上方腾出一点空间，安装云台控制器。

七、安装摄像机和电池座

把铝棒（1/8″×3/4″×36″）锯成两根 18″铝条，再把其中一根锯成 2 个 9″的铝条，总共会拿到三根铝条。将每一根铝条都折成直角，可利用有斜边的木块或铝块，把弯曲的半径增加到 3/8″。

弯曲好铝条以后，把每个支架割成样板大小。将支架放在正确的安装位置上，并在 *X* 轴与 *Y* 轴支架上较短的那一端，标记并在正中央钻出 3 个半径 1/8″的孔。在两个支架上，外侧的小孔应该要距离支架尾端 3mm 远，而两个小孔之间的距离则应为 9.5mm。

最后使用阶梯钻头将中间孔扩成 2″，以使马达轴保有转动空间。用两个 M3×6mm 的螺丝将云台马达的底部固定在支架上，再用两个螺丝将马达顶端固定到翻滚轴支架的长边上。将第二个马达的底部接在翻滚轴支架的另一端，而马达的顶端则依照同样的方式接到俯仰轴支架上。

八、安装飞控

飞控的安装及详细接线主要根随遥控器设置而变化。譬如选用大疆 A3 - AG 和 DataLink　3 遥控器，就需根据其官方使用说明书进行不同形式的安装。具体安装过程与多旋翼无人机飞控安装过程相同。安装完毕后如图 10 - 10 所示。

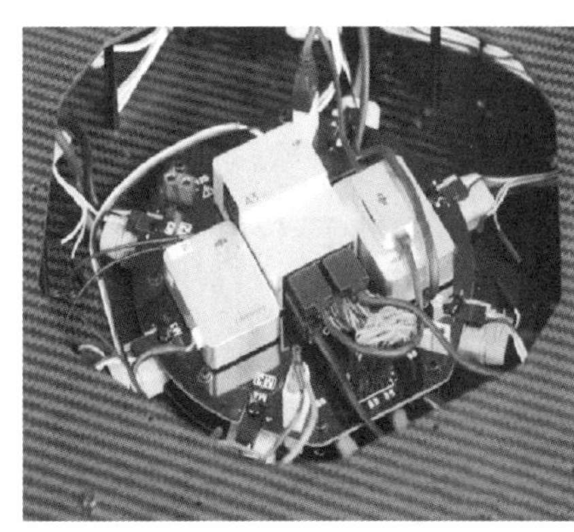

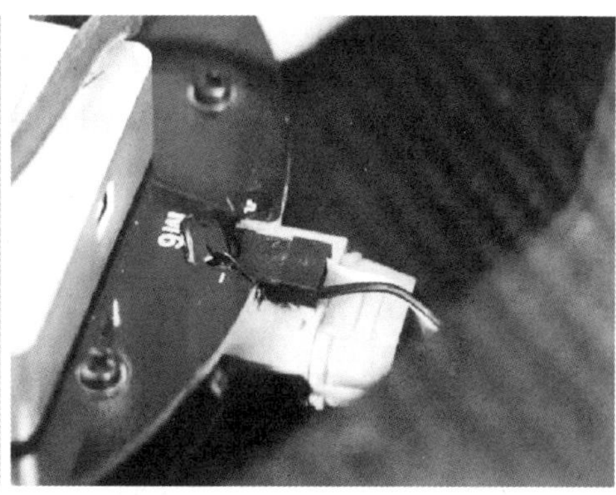

图 10 - 10　飞控安装

安装好飞控后，依次安装云台控制器、调试软件、螺旋桨，其操作与多旋翼无人机飞控安装过程相同，详见前文。植保无人机四组组件如图 10 - 11 所示。

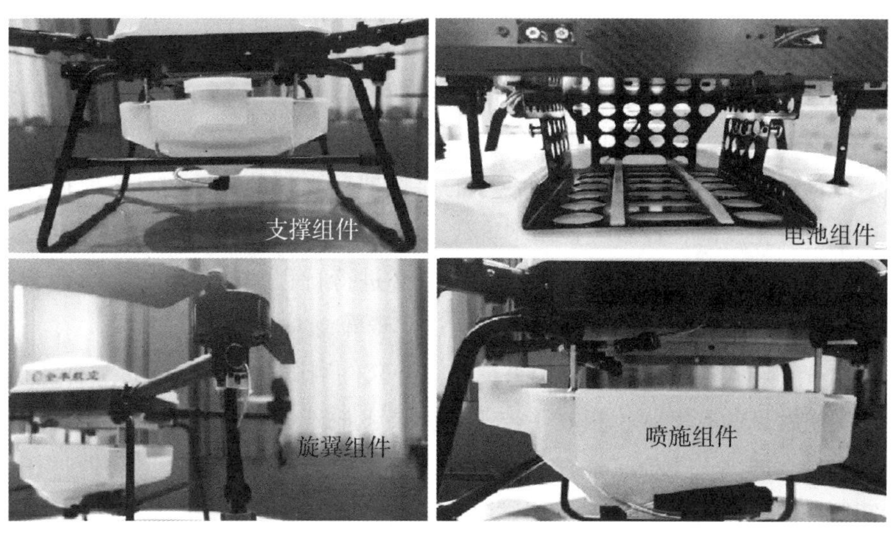

图 10 - 11　植保无人机四组组件

植保无人机调试过程

一、调试前检查

安装完飞控之后，仔细检查每条线路连接是否正确，检查正负极是否接反，信号线和负极是否接反，飞控各个插口是否为对应模块。检查无误之后便可通电调试。调试前检查部位如图 10 – 12 所示。

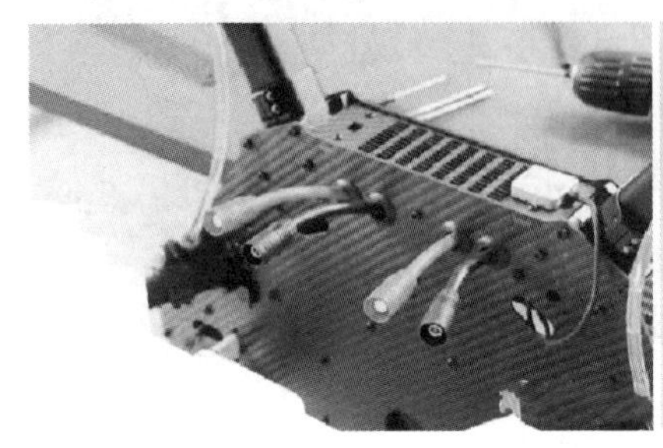

图 10 – 12　调试前检查部位

二、调试要点

主电源左右两边各有两组插头，通电的时候先接右边负极再接右边正极，然后接左边负极和左边正极。

通电瞬间检查是否有异样，每个模块指示灯是否正常，是否有模块发热异常，确认每个模块工作正常之后才进入下一步。

设置遥控器与飞控时，参照使用的遥控器和飞控的说明书，映射遥控器通道，检查正反向，设置飞控基本参数。

校准电调，对于普通电调，飞行前务必进行行程校准，对于大疆电调和一些固定行程无法校准的电调则可以跳过此步骤。

检查和调整电机正反转，如果飞控支持软件测试电机，则通过软件测试，此类飞控常见的有大疆、拓攻飞控等；如果飞控不支持软件测试就需要通过解锁查看，如极飞飞控。检查中如果发现有电机转向不正确，需要通过任意对调两个电机插头实现反向。调试完成后可以将喷头、底盖、桨叶按顺序安装，使用水平尺等校正电机水平。

植保无人机整机组装与调试完毕如图 10－13 所示。

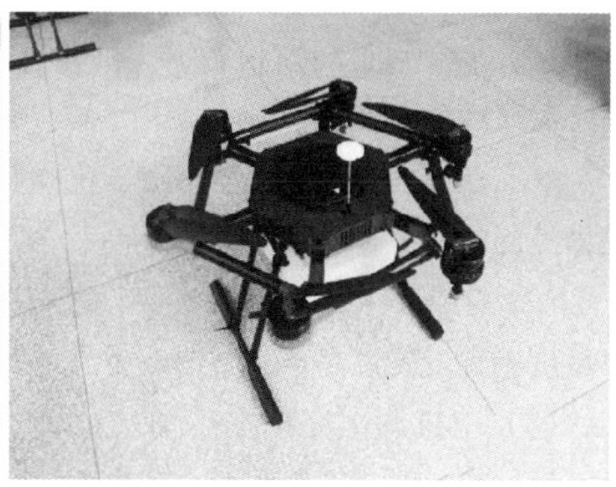

图 10－13　植保无人机整机组装与调试完毕

药箱的盖子上应打一个透气孔，防止抽水之后药箱内部压力变小将药箱吸塌（见图 10－14）。

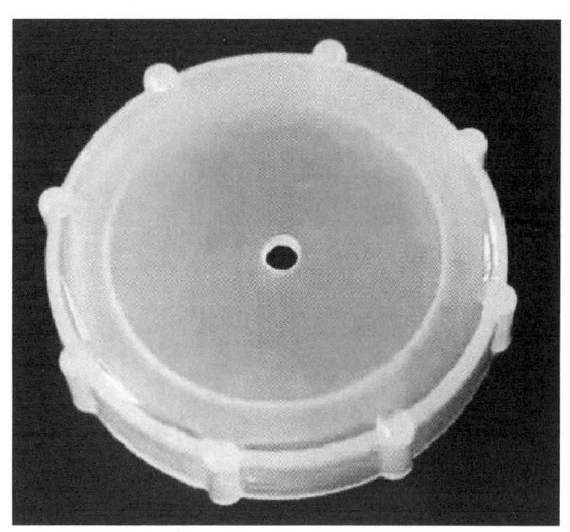

图 10－14　植保无人机药箱盖透气孔

三、植保无人机外场试飞

（1）新机试飞首先需要校准磁罗盘。

（2）首次试飞应空载，使用姿态模式起飞。

（3）GPS 模式要等待搜星完成后再起飞。

（4）无人机起飞后，需观察无人机起飞是否平稳，有无侧偏或者其他异常，一旦有异常情况必须立即将其降落检查。

（5）解锁后低转速状态下，机臂会有抖动现象，属于正常现象，转速提高之后该现象会消除。

（6）无人机起飞之后观察其悬停是否稳定，轻打摇杆观察飞行方向和遥控器控制方向是否一致。

（7）若无人机出现抖动、晃动需将其降落调整感度，植保无人机惯性大，灵敏度不宜设置过高。

（8）空机调试完毕之后加水试飞，加水测试时不能一次加满水，要按3L、5L、7L、10L逐级添加，观察无人机是否在负载增大后出现异常。

（9）加水后在地面打开水泵，观察是否可以正常出水，压力喷头雾化是否正常，如遇到水泵运行但不出水的情况，可能是泵头内有空气未排出，将泵头出水口的水管拔掉，打开水泵将空气排出，等正常出水之后再将水管插上。

（10）在无人机飞行稳定的前提下可以继续测试飞控的其他功能。

植保无人机外场试飞如图10－15所示。

图10－15　植保无人机外场试飞

植保无人机维护与保养

夏季是植保无人机使用频次最多的季节，夏季高温、潮湿，无人机一次性作业时间比较长，除了要按照正确的方式操作无人机以外，日常的维护保养和检查也至关重要。

一、植保无人机维护

（一）作业环境

植保无人机属于大功率的飞行器，工作电流高达几十安，如部件温度过高甚至会产生故障，高温天气无疑会恶化动力系统的工作环境。

温度越高，湿度越低，雾滴蒸发的速度就越快，从而造成作业效果下降。在高温时段，药液浓度高、药剂活性强，更容易产生药害。从作业效果来看，应避免植保无人机在高温时段作业。

（二）重要组件

植保无人机重要组件如图 10－16 所示。

图 10－16　植保无人机重要组件

1. 遥控器

遥控器需定时擦拭，以保持清洁。

避免液体进入遥控器。

运输时应将天线折叠，避免天线折断。

不能将遥控器放在植保机机身上抬运无人机，小心遥控器摔落。

飞行之前必须确认遥控器摇杆模式，避免摇杆模式错误而炸机。

2. 飞行器

搬抬植保无人机时，应抬飞行器的承重机臂，否则有可能损坏机身。

飞行前机臂套筒适度旋紧即可，不可过紧，否则将难以旋开，有可能造成套筒破裂。

作业完成之后应定时清洁机身，机身内部有精密电子部件，清洁机身时应用湿抹布。

部分型号，如大疆 T 系列植保无人机可用少量清水进行冲洗，切不可使用高压水枪。

作业完毕之后用湿抹布清洁电机外表，去除农药附着。

定时检查电机动平衡是否良好。

3. 螺旋桨

螺旋桨发生断裂或破损时必须更换，不能忽视一些细小的裂缝。

安装螺旋桨时必须确保没有水平与垂直方向的松动，如有松动可能会造成飞行不稳定，严重时可能射桨导致炸机。

作业之后必须清理农药残留，农药附着会腐蚀螺旋桨，使螺旋桨寿命变短。

4. 电池

锂电池应定时慢充，有利于电池电压平衡，长期使用快充会降低锂电池使用寿命。大疆 T 系列锂电池可全程使用快充且不会影响电池寿命，严禁在锂电池高温时充电，否则会造成锂电池寿命下降。

锂电池长期不使用时，电压应保持在 3. 85V 左右，每隔 1 ~2 月应进行一次完整的充放电。大疆智能锂电池如 10 天不使用会自动放电到 3. 85V 左右，自动放电期间电池发热属于正常现象。

应避免锂电池跌落，以防内部电芯发生短路，情况严重将造成电池自燃。

如发现电池插头发黑，应用无水酒精擦洗或更换插头，如不清理会增大插头之间的电阻，从而导致插头发热，造成飞行隐患。

尽量在电量低于15%之前让无人机降落，长期严重低电量降落将降低电池使用寿命。

切勿将电池浸泡在水中散热。

电池充电注意事项如下。

（1）充电时应尽量放置在通风、不受阳光直射、干燥的环境中。

（2）充电时，应确保有人员在场，以避免发生火灾。

（3）应使用合格充电器为电池充电，以避免不合格充电器对电池的损伤。

无人机的每一次升空、平稳降落，都离不开细致入微检查和坚持不懈维护。

二、植保无人机保养

植保无人机必须定期保养或者检修，以减轻农药残留带来的各种危害，最大限度延长无人机的使用寿命。

（一）整机清洗

作业期间必须每天清洗，非作业期间可每周清洗一次。

通常使用机用干净湿毛巾，擦拭螺旋桨、药箱及机臂等机身外表面，再用干抹布擦干净才能够进行存放，请勿用流水直接冲洗。

（二）检查喷洒系统

药液直接接触的喷洒系统，包括药箱、管路、隔膜泵、喷头、喷嘴、流量计等。农药属于化学制剂，对金属、塑料有一定的腐蚀性，作业结束后及时用清水冲洗喷洒系统，冲走药液，在清水中用毛刷刷洗喷嘴。喷洒有吸附性的除草剂、生长调节剂时，要用含有洗衣粉的温水浸泡并反复清洗，定期检查、更换喷嘴和流量计。

（三）植保无人机动力系统保养

动力系统主要包括智能电池、插头、电机等组件。智能电池在充电、存放过程中使用方法不对，会对其寿命产生影响，非紧急情况下要用小电流充电。高温条件下充放电容易引起电池鼓包，智能电池亏电储存对其寿命有不利影响，长时间储存电量保持在50%～60%，每三个月充放电一次。

（四）日常维护

（1）作业前，要检查药箱是否漏水，完成后清洗药箱，并用湿毛巾擦拭机架。

（2）电机需要用清水冲洗，切不可用尖锐物品接触电机内部铜线。

（3）每次使用完毕后用清水将药箱、水泵、喷头过一遍。

（4）每次使用完毕后用清水将无人机上的桨、机架等清洗一下（切记勿将水洒到飞控、电调和插头及其他电子元件上）。

（5）每次使用后仔细检查桨上是否有裂纹和断折迹象，以及所使用的电池表面有无孔洞和被尖锐东西刺穿的现象。破损的电池会引起燃烧，损毁无人机。

（6）使用完毕之后将整机放在不易碰撞的地方保管。

（五）定期维护

（1）使用期间每隔一周需仔细检查各个部件以及配件是否完好，检查桨及电池的完好程度。

（2）使用期间每隔一周仔细检查地面站是否完好并能正常使用，仔细检查飞控上的线有无松动和损坏。

（3）使用前和使用期间（每隔一周）仔细检查无人机机体是否松动，连接部分是否牢固，螺丝是否紧固，尤其是电机是否松动。

（六）电池的维护保养

周期：作业期间每天检查确认，非作业期间可每周检查确认。

要点：检查电池电线是否破损，电池是否膨胀，电压是否正常。

（七）遥控器清洁检查

周期：作业期间每天检查确认，非作业期间可每周检查确认。

要点：注意防潮、防尘、防暴晒，有条件的话可以用风枪吹干净；检查各个操纵杆、按键是否正常工作。

（八）存放点检查

周期：作业期间每天检查确认，非作业期间可每周检查确认。

要点：机身存放点需注意防火、防潮、防尘、防暴晒，远离可能形成线路漏电的场所。电池和遥控器建议存放在单独的箱子里，箱子的存放点也需注意防火、防潮、防暴晒，远离可能形成线路漏电的场所。油箱的存放点需注意防火、防潮、防暴晒，远离可能形成线路漏电的场所。若油箱带油存放，不要拧死通气口。

（九）线路检查

周期：作业期间每周检查。

要点：检查线路是否破损、受药水腐蚀状况。

第十一章　航拍无人机组装与使用

【课前辅导】

航拍是无人机重要的应用领域，航拍无人机也是无人机应用极为广泛的一种，本章以 DIY 航拍为例，介绍航拍无人机的组合部件、组装与调试。本章主要内容如下。

1. 航拍无人机主要机型与参数。
2. 航拍无人机的组装与调试步骤。

【教学目的】

通过本章学习，重点掌握以下知识点。

1. 航拍无人机的组装方法、步骤和要点。
2. 航拍无人机的调试方法、步骤和要点。

第一节　航拍无人机组装与调试

航拍是多旋翼无人机极简单的应用之一。相关资料显示，国内诸多无人机品牌生产商均生产航拍无人机，如大疆创新、中科遥感、极飞科技、易瓦特、艾特、北方天途、亿航等，其中大疆 T30、AEE（一电科技）A20 算是最具有代表性的机型，下面主要以这两种机型为例，讲解航拍无人机组装与调试（相关资料均来自公司对外公布信息）。其主要参数如表11－1 所示。大疆 T30 与 AEE A20 结构如图11－1所示。

表 11－1　　大疆 T30 与 AEE A20 航拍无人机主要参数

	项目	大疆 T30	AEE A20
飞行器	产品类型	六轴飞行器	四轴飞行器
	产品定位	专业级	专业级

续　表

	项目	大疆 T30	AEE A20
飞行器	飞行载重（kg）	30	26
	产品重量（kg）	26.4（不含电池）	1.795（含电池）
	适用环境	0℃～45℃	最大可承受风力：4 级
	悬停精度	启用 D－RTK： 水平 ±10cm，垂直 ±10cm	垂直 0.8m，水平 1.5m
		未启用 D－RTK： 水平 ±0.6m，垂直 ±0.3m （雷达功能启用：±0.1m）	
	飞行速度（m/s）	最大作业飞行速度：7 最大水平飞行速度：10	最大水平飞行速度：15
	飞行高度（m）	4500	6000
	飞行时间（min）	—	17
	轴距（mm）	2145	420
遥控器	工作频率	SRRC/NCC/FCC：24.05GHz 至 24.25GHz	2.4GHz（Wi-Fi）
		MIC/KCC/CE：24.05GHz 至 24.25GHz	

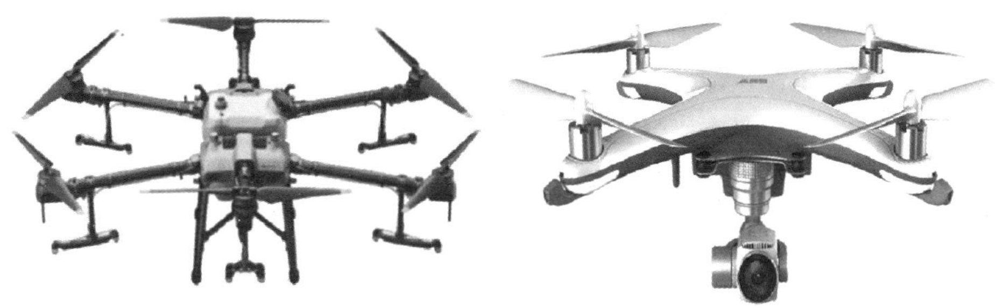

图 11－1　大疆 T30 与 AEE A20 结构

航拍无人机组装材料与组装工具

本部分以大疆 S1000 + 无人机为例，介绍航拍多旋翼无人机的组装流程。其是一款专业级航拍飞行器，对称电机轴距为 1045mm，具备动力冗余、结构稳定、机架强度高等特点，如图 11 –2 所示。

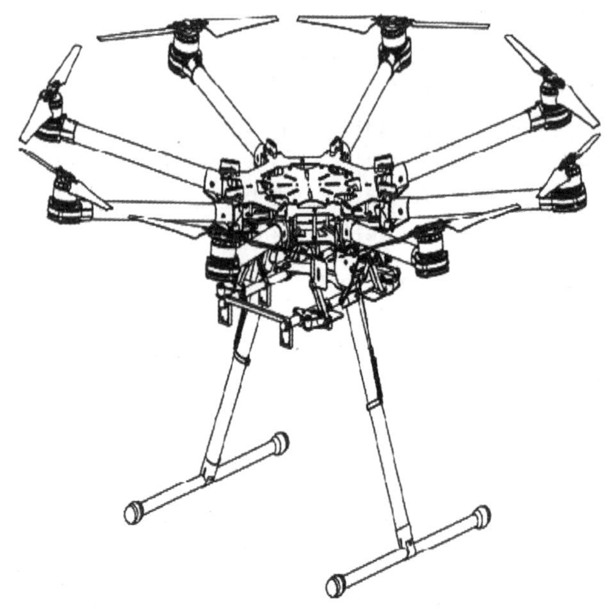

图 11 –2　大疆 S1000 + 无人机

一、航拍无人机组装材料

航拍无人机主要由机体、中心架、机臂、配件包等组成。航拍无人机组装材料如表 11 –2 所示，大疆 S1000 + 无人机物料如表 11 –3 所示。

表 11 –2　航拍无人机组装材料

序号	项目	数量	单位	备注
1	机体	1	套	—
2	中心架	1	个	含无刷电机、伺服器、电子调速器、碳纤维主/尾旋翼

续 表

序号	项目	数量	单位	备注
3	机臂	8	个	—
4	遥控器	1	套	含直升机遥控器、摄像头、显示器、发射机、接收机
5	动力系统	1	套	含 8010 电机 6 个、好盈 80A 电调、24 寸折叠桨 3 对
6	动力电池	2	组	—
7	进口锂电池平衡充	1	套	—
8	无人机自稳定系统	1	套	丢失信号下可实现自主悬停、半自动起降、定高巡航
9	起落架底管（含硅胶套）	2	个	—
10	起落架支撑管	2	个	—
11	GPS 折叠座	1	个	—
12	弹簧	2	个	—
13	三针连接线	8	个	—
14	专用检修工具	2	套	—
15	配件包	1	个	—

表 11－3　　大疆 S1000＋无人机物料

物料名称	数量	图示
中心架	1 个	

续 表

物料名称	数量	图示
机臂	8个	
起落架底管（含硅胶套）	2个	
起落架支撑管	2个	
GPS折叠座	1个	—
弹簧	2个	
三针连接线	8个	
配件包	1个	正桨×2、反桨×2 魔术贴×4 减震胶垫×50 红色旋转卡扣×8
螺丝包	1个	M4×35（安装机臂） M3×8（安装起落架） M2.5×8（杯头）（安装起落架） M3×22（杯头）（安装起落架）

二、航拍无人机组装工具

航拍无人机组装工具主要由万用表、镊子、不同规格的六角螺丝刀及相关配套材料组成。大疆S1000+无人机组装工具如表11-4所示。

表 11-4　　大疆 S1000+无人机组装工具

序号	工具名称	数量	用途
1	万用表（个）	1	—
2	2.0mm 内六角螺丝刀（把）	1	用于安装螺丝
3	2.5mm 内六角螺丝刀（把）	1	用于安装螺丝
4	镊子（个）	1	—
5	螺丝胶（卷）	1	用于紧固螺丝
6	尼龙扎带	若干	用于捆绑设备、线材等
7	剪钳（把）	1	—
8	斜口钳（把）	1	用于剪切扎带
9	3M 双面胶	若干	用于固定接收机、飞控等模块
10	焊台（个）	1	用于焊接电源线等线路
11	焊锡丝及松香	若干	焊接原料及助焊

航拍无人机组装过程

一、安装起落架

起落架安装如图 11-3 所示。

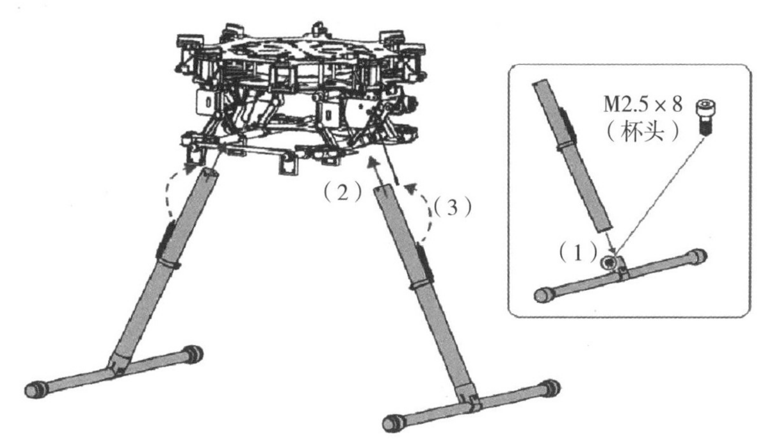

图 11-3　起落架安装

（1）安装起落架支撑管到起落架底管中，用 M2.5×8（杯头）螺丝进行固定，并确保加装底管硅胶套。

（2）将起落架支撑管插入中心架连接件中，用 M3×8 螺丝进行固定。

（3）挂上弹簧。

二、安装机臂

（1）将机臂插入中心架，调整位置，使机臂螺丝安装孔对准中心架的安装孔。

（2）用 M4×35 螺丝固定，力度要适中。

（3）拧紧卡扣，移除中心板上盖及其紧固螺丝（M2.5×8 圆柱头），然后移除绝缘盖及其紧固螺丝（M3×8 自攻）（见图 11－4）。

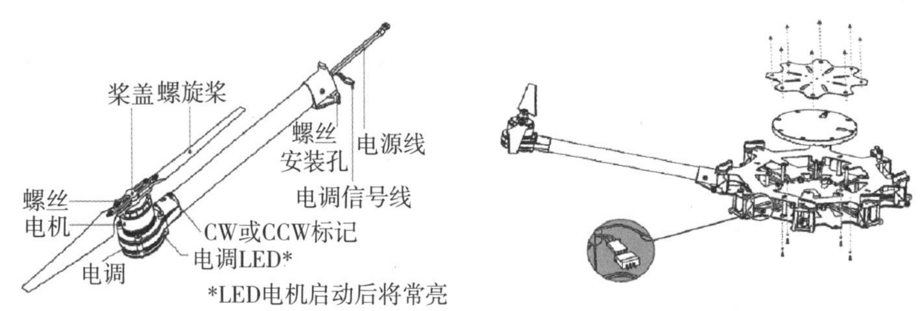

图 11－4　机臂安装

（4）将 ESC 信号线和电源线连接到中心架（见图 11－5）。

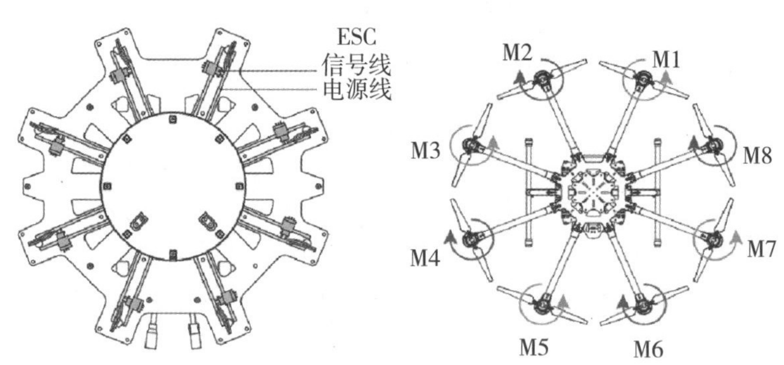

图 11－5　ESC 信号线与电源线安装结构

（5）重新拧紧绝缘盖及中心板上盖，检查机臂安装情况。

三、安装飞控系统

下面以大疆 A2 为例，介绍飞控系统的安装。

（1）将 PMU、IMU 装到中心架上，确保 IMU 箭头指向与机头朝向一致。

（2）主控安装共分为以下两部分。

主控与中心架连接：使用三针连接线连接中心架上电调插口与主控插口，具体连接顺序为电调插口 M1 连接主控插口 M1，以此类推，电调插口 M8 连接主控插口 M8。

主控与起落架连接：将左舵机自带线连接到起落架控制板（起落架上方）的 L 接口，右舵机自带线连接到起落架控制板的 R 接口，主控的 F1 接口连接到起落架控制板的 IN 接口。

（3）将 GPS 折叠座安装在上中心板正中间，并用 M2.5 ×8 螺丝固定。

（4）用支撑杆固定 GPS 模块，注意 GPS 箭头需指向机头正前方（M1 与 M2 之间）。

（5）安装 LED、接收机等其他模块。

大疆 A2 飞控系统连线安装结构如图 11 –6 所示。

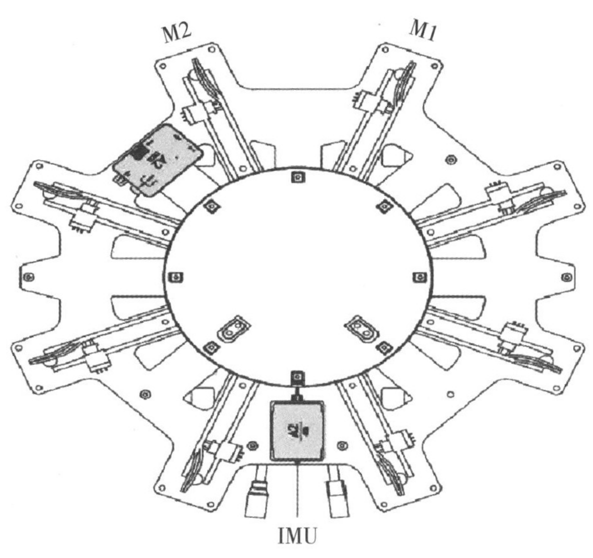

图 11 –6　大疆 A2 飞控系统连线安装结构

四、中心架 XT60 接口连线

（1）将 PMU 的电源线连接到中心架底板朝上的接口。

（2）将起落架控制板延长线连接到中心架底板朝下的接口。

五、安装电池

大疆 S1000 + 电源线为 AS150 防打火插头，所以需要将接头焊接到电池上。

（1）焊接电池插头：剪断电池原插头，负极黑线穿过黑色胶壳与圆形插头焊接，正极红色穿过红色胶壳与莲花形插头焊接。

（2）电池安装连线：将电池安装到电池板上，上电时，先插黑色插头，再插红色插头，断电时，先拔红色插头，再拔黑色插头。

六、安装云台

下面以大疆 Z15 –5D MARK Ⅲ（HD）云台为例，介绍云台的安装。

（1）安装镜头：先将固定环套入镜头，然后装到相机上。

（2）安装相机及云台：将相机安装到云台中，先拧紧相机安装螺丝，再拧紧镜头固定环螺丝（见图 11 –7）。

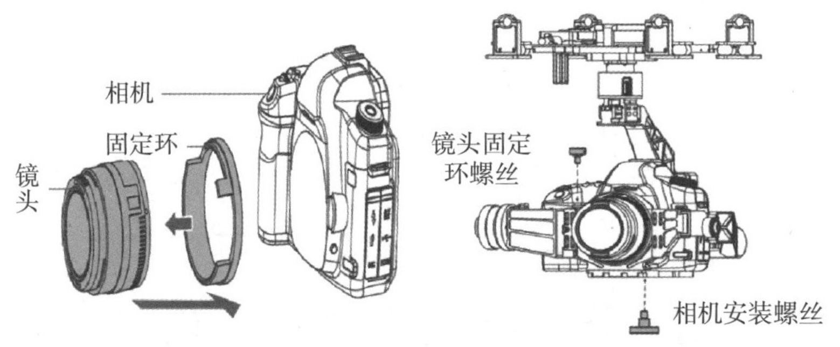

图 11 –7　安装镜头、安装相机与云台

（3）相机连线：用 HDMI – HD/AV 连接线将云台 HDMI – HD/AV 模块与相机 HDMI OUT 端口连接，如图 11 –8 所示。

（4）安装云台及起落架：如图 11 –9 所示。

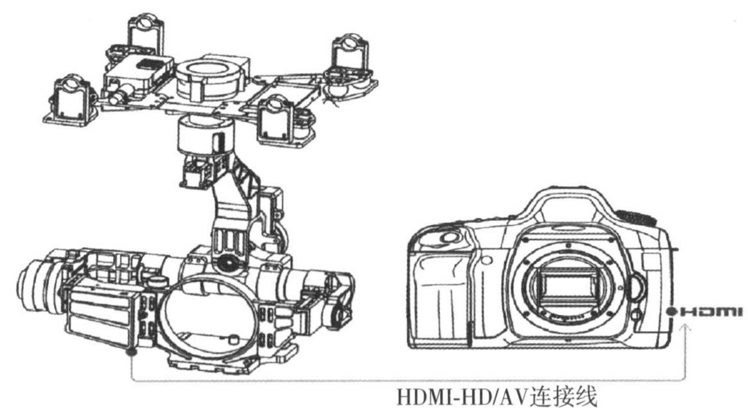

图 11－8 相机连线

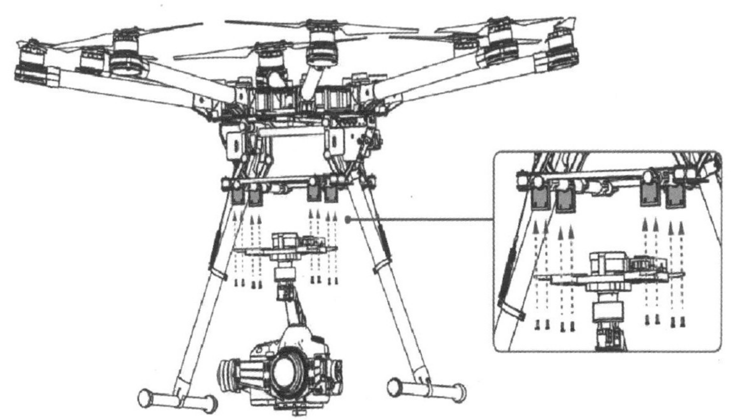

图 11－9 安装云台及起落架

航拍无人机调试

下面以 Futaba FASST 系列遥控器为例，介绍 A2 飞控对频、调试等。

在大疆创新官网上下载驱动程序和调参软件，并用 MicroUSB 线连接飞控和电脑。

（一）对频

（1）打开遥控器，使遥控器处于发射信号状态。

（2）给飞控供电，在调参软件中将接收机类型设置为 DR16。

（3）按住 LINK 键 2 秒，至红灯闪烁。

（4）松开按键，接收机开始连接遥控器，对频成功后 LED 绿灯常亮。

（二）调参

调参界面如图 11－10 所示。

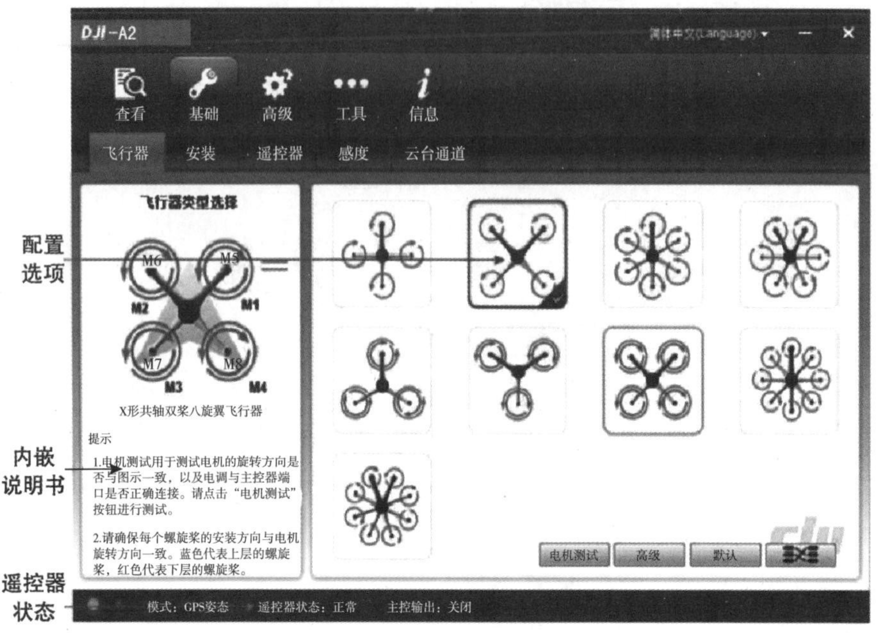

图 11－10　调参界面

查看：进入信息界面，查看用户信息、软件版本号。

恢复与升级：进入工具界面，恢复默认设置，查看固件信息及升级固件。

设置：进入基础界面，可设置飞行器、安装、遥控器、感度等。

检查：进入查看页面，检查所有基础设置。

（三）设置控制模式开关

（1）开启遥控器，选择一个三位开关作为控制开关，其中第一、第二两个挡位默认为 GPS。

（2）第三个挡位可设置手动模式或姿态模式，如图11－11所示。

（3）拨动遥控器上三个挡位使其分别显示三个不同的控制模式。

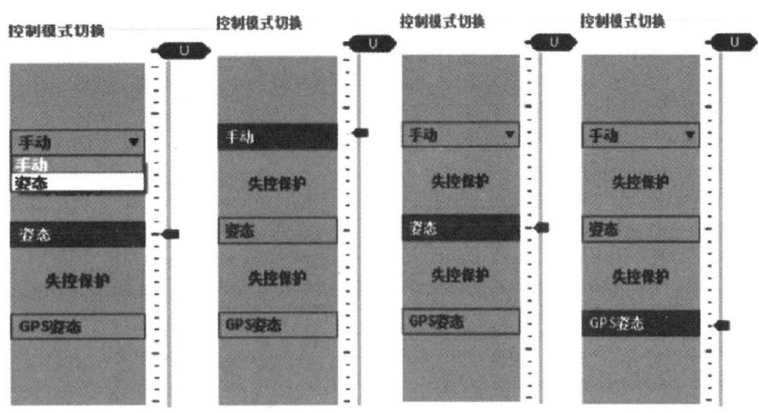

图 11－11　控制模式开关

（4）关闭遥控器，光标将指向控制模式区域外的任一区域，表示失控状态，如图 11－12 所示。

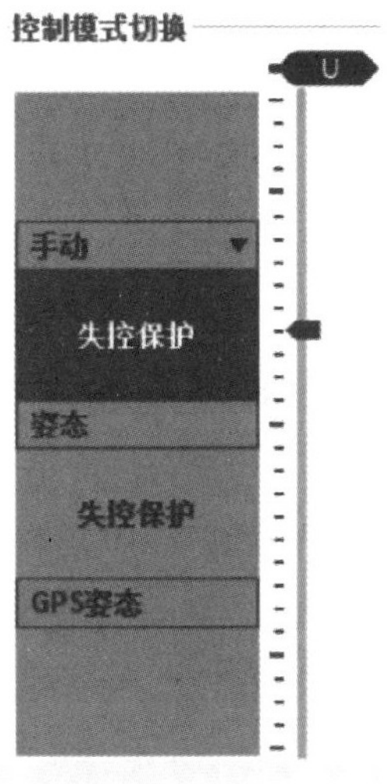

图 11－12　失控状态

以上步骤都顺利完成，表示控制模式开关设置成功。

（四）检查设置

检查设置如图 11－13 所示。

（1）①～③检查 IMU 安装方向、飞行器类型、电机转向、接收机类型。

（2）④～⑤查看飞行参数。

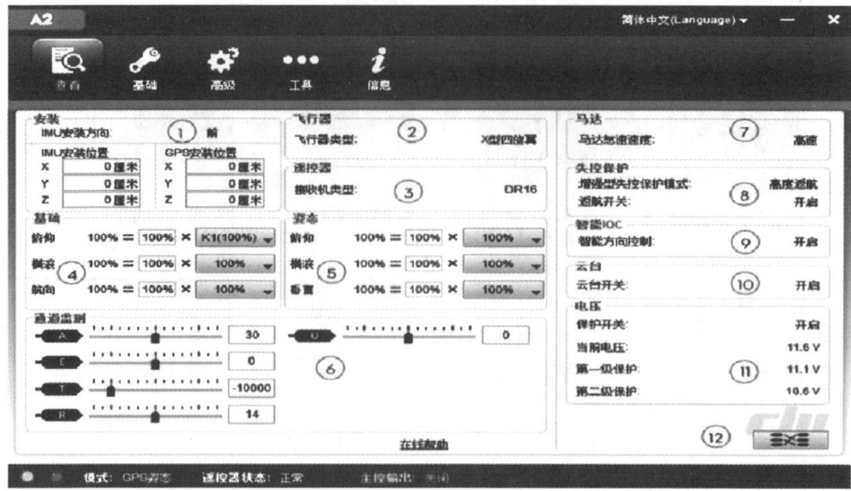

图 11－13　检查设置

(3) ⑥检查摇杆与光标运动方向是否一致。

(4) ⑦～⑫为高级设置。

(五) 指南针校准

(1) 快速切换控制模式开关 3～5 次，至 LED 蓝灯常亮。

(2) 水平旋转飞行器 360°至绿灯常亮。

(3) 垂直旋转飞行器 360°至闪模式灯。

校准成功后，飞控的调试工作完成，可进行室外飞行测试。

第二节　航拍无人机使用技巧

初学者应先在电脑上进行多次反复模拟练习，如悬停、绕飞、8 字飞行等，不可直接操控真机。熟练后使用小功率练习机在空旷无人场地进行练习，之后进行航拍飞机无负荷飞行练习，最后挂云台进行试飞。

一、航拍技巧

(一) 直线飞行

在 GPS 模式下，直线飞行和定点悬停比较简单，直线拍摄有多种方法。

1. 直线向前飞，镜头向前

常用的手法之一，一般用于拍摄海岸线、沙漠、山脊、笔直的道路等。画面中镜头可向前移动，也可从地面慢慢抬头望向远处，镜头一气呵成。

2. 直线向前飞，镜头俯瞰

常用于拍摄城市、森林，如一条笔直的路、一排整齐的车辆、树、房子等。直线向前飞，镜头俯瞰，根据高度、速度、拍摄物不同，体现规模数量及整齐度。

3. 直线向后飞，镜头后退和横向飞行，镜头平视

这种方法拍摄城市时，可用中长焦镜头在轨道上横向移动拍摄，渐渐移开前景露出背景。

4. 垂直上下飞行，镜头平视或俯仰

垂直向上适合逆光拍摄高大的建筑。飞行器垂直上升，镜头俯拍，快速拉升的动作镜头从局部迅速扩张至大全景，视觉效果非常震撼。

（二）斜线飞行

斜线飞行分为以下几种情况。

（1）斜向下飞行，镜头向前：无人机从高处斜向下飞向一幢建筑物。

（2）斜向上飞行，掠过前景，镜头向前飞机向上，这种方法拍摄电影时用得较多。

（3）斜向上对着目标飞行，掠过时掉头俯拍。

（4）斜向下后退飞行，掠过前景，镜头后退。镜头从一个大环境慢慢转到一个个体。一般拉升容易下降难，下降时如果速度过快容易引起炸机，多轴飞行器下降速度控制在 2m/s 以下是比较安全的。

（三）定点悬停

定点悬停适合拍摄照片和一些大场面的视频，如城市全貌、大瀑布等可以用这个方法拍摄。飞行器和镜头角度都固定不动，适合拍有几何形状的建筑物，或者拍摄体育场的赛事活动。

飞行器或者摄影机云台定点转圈俯拍的手法，电影中常用，多用于拍摄建筑、森林、道路、悬崖、瀑布等。

（四）跟随拍摄

航拍的优势是不太受空间限制，可以在高度和角度允许的情况下让无人机自由飞行拍摄，跟拍可以在后面、前面和侧面拍，常常用于拍摄极限运动如赛车、滑雪、冲浪等。

（五）定点绕飞

以一个主题为中心点，飞行器围着它转圈拍摄，这种手法适合拍摄一些孤立的主体。

定点绕飞常用的拍摄手法有平行高度转圈和俯拍转圈。平行高度转圈时飞行器与拍摄主体的高度一致，更能突出拍摄对象。而俯拍转圈时飞行器比被拍摄物高，飞行速度需要慢一些。

二、航拍注意事项

（1）安全第一。航拍时需注意周边环境，以及航拍安全，避免出现毁机、伤人等事件。

（2）抵制“黑飞”。要遵纪守法，不能在空管区飞行，远离人群，在取得拍摄许可后再进行作业。

（3）不可有侥幸心理。侥幸心理永远是安全的大敌，缺乏常识和一瞬间过失是飞行安全的最大威胁。

（4）做好飞行前检查。为了保证安全，必须对无人机设备进行安全检查。

（5）操作人员要精神饱满。操作无人机飞行时相关人员要保证处于最佳状态，睡眠不足、比较疲倦、情绪低落、压力过大等都有可能导致操作失误，酿下大祸。

参考文献

[1] 远洋航空教材编写委员会. 无人机装配与调试技术 [M]. 北京：北京航空航天大学出版社，2019.

[2] 韦加无人机教材编写委员会. 无人机组装与调试 [M]. 北京：航空工业出版社，2018.

[3] 鲁储生. 无人机组装与调试 [M]. 北京：清华大学出版社，2018.

[4] 王立潘. 微型多旋翼无人飞行器控制系统设计 [N]. 上海大学学报（自然科学版），2012，3，12（2）.

[5] BOUABDALLAH S. Principle and application of SCM system [D]. Lausanne，EPFL，2012.

[6] 宪三野波，等. 自主飞行机器人：无人机和微型无人机 [M]. 肖阳，等译. 北京：国防工业出版社，2014.

[7] 邵芳. 基于超声波测距的多旋翼无人机避障算法 [J]. 吉林工程技术师范学院学报，2017，33（11）.

[8] 于建均，赵少琼，郑逸加，等. 基于模糊专家决策的室内无人机避障系统 [J]. 控制工程，2019，26（3）.

[9] 王海群，王水满，张怡，基于激光雷达信息的无人机避障控制研究 [J]. 激光杂志，2019，40（12）.

[10] 张跃东，李丽，刘晓波，等. 基于单目视觉的无人机障碍探测算法研究 [J]. 激光与红外，2009，39（6）.

[11] 张博翰，蔡志浩，王英勋. 电动 VTOL 飞行器双目立体视觉导航方法 [J]. 北京航空航天大学学报，2011，37（7）.

[12] T30 植保无人机 [EB/OL]. [2021－09－10]. https：//www. dji. com/cn/t30？site＝brandsite&from＝insite_ search.

[13] AEE 一电 A20 中文版说明书 [EB/OL].（2021－03－24）[2021－10－05]. https：//mip. book118. com/html/2021/0324/7136105130003103. shtm.